机械实验系列丛书

机械基础实验指导书

张 炜 主编

苏州大学出版社

图书在版编目(CIP)数据

机械基础实验指导书 / 张炜主编. —苏州：苏州大学出版社，2019.8(2024.6 重印)
(机械实验系列丛书)
ISBN 978-7-5672-2924-2

Ⅰ.①机… Ⅱ.①张… Ⅲ.①机械学-高等学校-教学参考资料 Ⅳ.①TH11

中国版本图书馆 CIP 数据核字(2019)第 170469 号

机械基础实验指导书

张　炜　主编

责任编辑　肖　荣

苏州大学出版社出版发行
(地址：苏州市十梓街1号　邮编：215006)
广东虎彩云印刷有限公司印装
(地址：东莞市虎门镇黄村社区厚虎路20号C幢一楼　邮编：523898)

开本 787 mm×1 092 mm　1/16　印张 7.25　字数 161 千
2019 年 8 月第 1 版　2024 年 6 月第 4 次印刷
ISBN 978-7-5672-2924-2　定价：29.00 元

苏州大学版图书若有印装错误，本社负责调换
苏州大学出版社营销部　电话：0512-67481020
苏州大学出版社网址　http://www.sudapress.com
苏州大学出版社邮箱　sdcbs@suda.edu.cn

前 言

教育部在《高等学校基础课实验教学示范中心建设标准》中指出：实验教学是构成高等学校课程教学的重要组成部分。中心应按照新世纪经济建设和社会发展对高素质创新性人才培养的需要，同理论教学紧密结合，科学地设置实验项目，并注重先进性、开放性和将科研成果转化为教学实验，形成适应学科特点及自身系统性和科学性的、完整的课程体系，全面培养学生的科学作风、实验技能以及综合分析、发现和解决问题的能力，使学生具有创新、创业精神和实践能力。苏州大学机械基础教学实验中心于 2006 年被评定为省级示范基础课实验教学中心，经过 10 多年的不断改革与建设，形成了与机械基础新课程体系相适应的实验教学体系与标准，开设了能满足不同层次教学要求的实验课程，体现了测试手段与方法的先进性和现代化。学生通过实验了解和掌握现代测试技术与实验研究的方法，特别是传感技术、驱动、控制及信息的采集与处理；培养动手能力和实验能力，形成严谨、实事求是和敢于探索的科学态度与作风。

本书是根据机械基础实验课程教学的基本要求和"机械基础实验教学示范中心"建设要求而编写的。本书主要内容分为三大部分：机械原理与机械设计基本技能、材料基本力学性能测定、数据测量与公差技术，共包含 19 个基础性实验，涵盖了"机械原理""机械设计""机械设计基础""精密机械设计""材料力学""互换性与检测技术"等课程相应的基本实验，可供机械、材料、纺织、过程装备、机电一体化等机械类专业的学生使用。在本书的编写过程中编者注重以下几个方面的问题：

1. 工程知识：能够将数学、自然科学、工程基础和专业知识用于解决智能制造系统分析、设计、集成的复杂工程问题。

2. 问题分析：能够应用数学、自然科学和工程科学的基本原理，识别、表达并通过文献研究智能制造系统的分析、设计、集成问题，以获得有效结论。

3. 科学研究：能够基于科学原理并采用科学方法对智能制造系统的分析、设计、集成进行研究，包括设计实验、分析与解释数据以及通过信息综合得到合理有效的结论。

4. 现代工具：能够针对智能制造系统的分析、设计、集成问题，开发、选择与使用恰当的技术、资源、现代工程工具和信息技术工具,对复杂工程问题进行预测与模拟,并能够理解其局限性。

5. 个人和团队:能够在多学科背景下的团队中承担个体、团队成员以及负责人的角色。

本书由张炜担任主编,周宏林、高枫、沈卫峰分别参与第一到第三部分实验内容的编写工作。几年来,在实验教学体系与实验室改革建设、实验教材体系的构建与编写及应用与完善过程中,得到了冯志华教授的大力支持,以及陈再良、倪俊芳教授的悉心指导和帮助。在此表示衷心的感谢。

由于编者水平有限,加上时间仓促,书中错误在所难免,希望广大读者批评指正。

目 录

第一部分　机械原理与机械设计基本技能

- 实验 1　机构运动简图的测绘和分析 …… 3
- 实验 2　齿轮范成原理实验 …… 6
- 实验 3　渐开线齿轮参数测量 …… 8
- 实验 4　带传动实验 …… 13
- 实验 5　液体动压滑动轴承特性实验 …… 17
- 实验 6　齿轮传动效率测试实验 …… 22
- 实验 7　减速器拆装实验 …… 27

第二部分　材料基本力学性能测定

- 实验 8　金属材料的拉伸实验 …… 33
- 实验 9　金属材料的压缩实验 …… 40
- 实验 10　电阻应变片的粘贴技术 …… 44
- 实验 11　纯弯曲梁的正应力实验 …… 48
- 实验 12　弯扭组合应力测定实验 …… 55

第三部分　数据测量与公差技术

- 实验 13　光滑工件尺寸的检测 …… 67
- 实验 14　表面粗糙度的检测 …… 71
- 实验 15　形状和位置误差的检测 …… 75
- 实验 16　齿轮参数的综合检测 …… 83
- 实验 17　螺纹误差的检测 …… 97
- 实验 18　外螺纹单一中径测量 …… 101
- 实验 19　测量结果与测量误差的评定 …… 104

第一部分

机械原理与机械设计基本技能

实验 1 机构运动简图的测绘和分析

一、实验目的

1. 掌握根据实际机构或模型的结构测绘平面机构运动简图的基本方法。
2. 掌握平面机构自由度的计算方法及验证机构具有确定运动的条件。
3. 掌握对机构进行分析的方法。

二、实验设备和工具

1. 各种机器实物或机构模型。
2. 直尺。
3. 自备绘图工具。

三、实验原理和方法

(一) 测绘原理

从运动的观点来看,各种机构都是由构件通过各种运动副的联接所组成,机构运动仅与组成机构的构件数目和构件所组成的运动副的类型、数目、相对位置有关。因此,在测绘机构运动简图时可以撇开构件的复杂外形和运动副的具体构造,而用简略的符号来代表构件和运动副,并按一定比例表示运动副的相对位置,以此表明实际机构的运动特征。

正确的机构运动简图应该符合下列条件:

1. 机构运动简图上各构件的尺寸、运动副的相对位置及其性质应保持与原机构的特性一致。
2. 机构运动简图应保持原机构的组成特点及运动特点。

(二) 测绘方法

1. 分析机构的运动,认清固定件、原动件和从动件。
2. 由原动件出发,按照运动传递的顺序,仔细分析相联接的两个构件间的接触方式及相对运动的性质,从而确定构件数目、运动副的类型和数目。

3. 合理选择投影面。一般选择机构中多数构件的运动平面作为投影面,如果一个投影面不能将机构的运动情况表达清楚,可另外补充辅助投影面。

4. 确定原动件的位置,选定适当的比例,定出各运动副之间的相对位置,并用构件和运动副的符号绘制机构运动简图。

❖ **示例**:绘制图 1-1 所示的偏心轮机构运动简图

1. 当使原动件(偏心轮)运动时可发现机构具有四个运动单元,机架 1——相对静止,偏心轮 2——相对机架做回转运动,连杆 3——相对机架做平面平行运动,滑块 4——相对机架做直线运动,如图 1-1(a)所示。

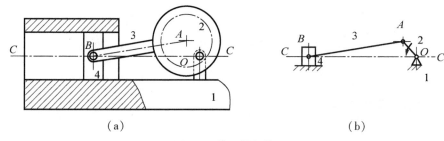

图 1-1 偏心轮机构

2. 根据各相互联接的构件间的接触情况可知,全部四个运动副均系低副:构件 2 相对机架 1 绕 O 点回转,组成一个转动副,其轴心在 O 点;构件 3 相对构件 2 绕 A 点回转,组成第二个转动副,其轴心在 A 点;构件 4 相对构件 3 绕 B 点回转,组成第三个转动副,其轴心在 B 点;构件 4 相对机架 1 沿 C-C 做直线移动,组成一个移动副,其导路方向同 C-C。

3. 该机构为平面机构,选择构件的运动平面为投影面。

4. 确定原动件 2 相对机架 1 的位置,如图 1-1(a)所示,首先画出偏心轮 2 与机架 1 组成的转动副以及滑块 4 与机架 1 组成移动副的导路 C-C,然后按一定比例画出连杆 3 与偏心轮 2 组成的转动副轴心 A(A 是偏心轮,有几何中心)。线段 OA 称为偏心距,即曲柄的长度。再用同一比例画出滑块 4 与连杆 3 组成的转动副轴心 B,B 应在 C-C 上。线段 AB 代表连杆 3 的长度。最后把连杆和运动副用符号相联接,并用数字标注各构件,如图 1-1(b)所示。

5. 计算机构自由度 F。机构自由度计算公式为

$$F = 3n - 2P_L - P_H$$

其中,n——活动构件数,P_L——低副数目,P_H——高副数目。

四、注意事项

1. 画机构运动简图必须按照一定的比例。
2. 固定件即机架要画斜线,以便与活动构件相区别。
3. 原动件须画上箭头表示运动方向,以便与从动件相区别。
4. 机构运动简图上的构件必须用数字标出(包括固定件)。
5. 机构运动简图上的运动副必须用英文字母标明。
6. 注意正确定出转动副的位置,充分理解"回转件的回转中心是它相对回转表面的几何中心"。

五、实验步骤

1. 在草稿纸上徒手绘制指定的若干机构的简图(运动副的相对位置只需目测,使图形与实物大致成比例)。
2. 对其中一个机构按一定比例绘制。(由教师指定机构)
3. 计算各机构的自由度数,并将结果与实际结构相对照,说明此机构是否具有确定的运动。
4. 整理、书写实验报告。

机构运动简图测绘实验报告

姓名_____ 学号_____ 成绩_____ 实验日期_____

机构名称		自由度计算	$F =$
原动件数目		运动链能否成为机构	

实验 2　齿轮范成原理实验

一、实验目的

1. 掌握用范成法制造渐开线齿轮的基本原理。
2. 了解渐开线齿轮产生根切现象的原因和避免根切的方法。
3. 分析比较标准齿轮和变位齿轮的异同点。

二、实验设备和工具

齿轮范成仪的结构如图 2-1 所示：托盘 1 绕其固定轴心转动，在托盘的周缘刻有凹槽，凹槽内绕有钢丝。钢丝绕在凹槽内以后，其中心线形成的圆应等于被加工齿轮的分度圆。钢丝两端分别固定在滑架 4 上。滑架 4 可在底座 2 上沿水平方向左右移动。

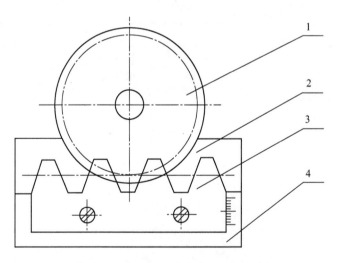

1. 托盘；2. 底座；3. 齿条刀具；4. 滑架。

图 2-1　齿轮范成仪的结构示意图

三、实验原理和方法

范成法即利用一对齿轮互相啮合时共轭齿廓互为包络线的原理来加工齿轮。加工时,其中一轮为刀具,另一轮为齿坯,它们仍保持固定的角速比传动,完全和一对真正的齿轮互相啮合传动一样;同时刀具还沿轮坯的轴向做切削运动,这样所制作的齿轮的齿廓就是刀具刀刃在各个位置的包络线。若用渐开线作为刀具齿廓,则其包络线亦为渐开线。由于在实际加工时看不到各个位置形成的包络线的过程,故通过齿轮范成仪来实现轮坯与刀具之间的传动过程,并用笔将加工齿轮过程中刀具刀刃的各个位置绘制在纸上,这样就能清楚地观察到齿轮范成的过程。

在切制标准齿轮时,将刀具中线调节至与被加工齿轮分度圆相切的位置;当切制变位齿轮时,应重新调整刀具中线的位置,使刀具中线与齿轮分度圆之间的距离为变位量 xm 的值(x 为变位系数),这样切出的齿轮就是变位齿轮。齿条插刀的参数为:压力角 $\alpha = 20°$,模数 $m = 20$ mm。

四、实验步骤

(一) 计算所加工的标准齿轮和变位齿轮的各参数并填入表 2-1。

表 2-1 标准齿轮和变位齿轮的各参数

名称	符号	计算公式	计算结果	
			标准齿轮	变位齿轮
齿数	z		10	10
最小变位系数	$x_{\min}$			
基圆直径	d_b			
齿顶圆直径	d_a			
齿根圆直径	d_f			
分度圆齿厚	S			

(二) 绘制标准齿轮

1. 通过圆环将圆形图纸压紧在齿轮范成仪的圆盘上,并注意使图纸中心与圆盘中心重合。
2. 调整刀具使其中线与分度圆相切,即此时刀具处在切制标准齿轮的位置上。
3. 绘制时,首先将齿条推至左边(或右边)极端位置,用手推动齿条使其移动。每移动一格,用笔沿齿条轮廓在图纸上画下该齿廓在齿坯上的投影线,直到形成 2~3 个完整的齿形为止。此过程中要注意轮坯上齿廓的形成过程。
4. 观察所得的齿廓是否有根切现象,找出原因,以便进行变位。

(三) 绘制变位齿轮

按上述位置把齿条刀退后(远离齿轮中心)xm,然后按绘制标准齿轮的方法绘出 2~3 个齿形即可。

实验 3　渐开线齿轮参数测量

一、实验目的

1. 掌握渐开线直齿圆柱齿轮基本参数的测量方法。
2. 巩固齿轮参数之间的相互关系和渐开线的性质等知识。

二、实验设备和工具

1. 游标卡尺。
2. 测试齿轮。

三、实验原理和方法

利用游标卡尺测量齿轮的公法线长度 W_k 及 W_{k+1}、齿轮的顶圆直径 d_a、根圆直径 d_f，根据这些数据运用一些基本公式去推求齿轮的基本参数（m、z、α、h_a^*、c^*）。

1. 测量公法线长度 W_k 及 W_{k+1}，求出 m、α。

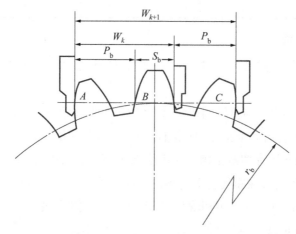

图 3-1　测量齿轮的基本参数

如图 3-1 所示，游标卡尺的两个卡脚与齿廓的渐开线部分相切，两切点之间的长度即公法线长度。首先跨过 k 个齿测出 W_k，再跨过 $k+1$ 个齿测出 W_{k+1}，根据渐开线上任意一点的法线必与基圆相切的基本性质可知，公法线长度 W_k 应等于对应基圆上的弧长。显而易见，有

$$W_k = (k-1)P_b + S_b$$
$$W_{k+1} = kP_b + S_b$$

故基节
$$P_b = W_{k+1} - W_k$$

又因 $P_b = \pi m \cos\alpha$，所以 $m = \dfrac{W_{k+1} - W_k}{\pi \cos\alpha}$。

分别设上式中的 α 为 20° 和 15°，求出模数 m，由模数表确定 m 的值及相应的 α。也可根据 P_b 由基节表（附表）直接查取 m 及 α 的值。

为保证游标卡尺的两个卡脚与齿廓的渐开线部分相切，跨齿数 k 可由表3-1查取。

表 3-1 齿数 z 与跨齿数 k 的对应关系

z	10~17	18~26	27~35	36~44	45~53	54~62	63~71	72~80
k	2	3	4	5	6	7	8	9

2. 测量齿根圆直径 d_f 和齿顶圆直径 d_a，求出 h_a^*、c^*。

如图3-2所示，测得齿顶圆直径 d_a、齿根圆直径 d_f。若被测齿轮的齿数为偶数，可直接测得 d_a、d_f。若被测齿轮的齿数为奇数，可间接测得 d_a、d_f。此时，

$$d_a = D + 2H_1$$
$$d_f = D + 2H_2$$

由根圆公式可知
$$d_f = m(z - 2h_a^* - 2c^*)$$

正常齿：$h_a^* = 1$，$c^* = 0.25$

短齿：$h_a^* = 0.8$，$c^* = 0.3$

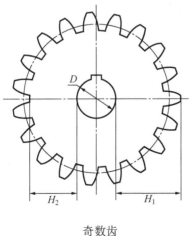
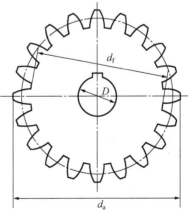

奇数齿　　　　　　　偶数齿

图 3-2 测量齿顶圆直径和齿根圆直径

判断被测齿轮是正常齿还是短齿,将两组值分别代入根圆公式,最接近实测值的一组即所求的 h_a^*、c^*。

四、实验内容

选用奇数齿和偶数齿的齿轮各一个进行测量。确定基本参数:齿数 z、模数 m、压力角 α、齿顶高系数 h_a^*、顶隙系数 c^*。

五、实验步骤

1. 测量前将被测齿轮擦干净,数出齿数 z,并确定跨齿数 k。
2. 测量 W_k、W_{k+1}、d_a、d_f(D、H_1、H_2)。对每个量在不同位置测量三次,读数精确到小数点后两位,取平均值作为测量数据。
3. 根据测量数据,求出被测齿轮的基本参数:α、m、h_a^*、c^*。
4. 分析讨论所求结果,整理实验报告(表3-2)。

表3-2 渐开线齿轮参数测定实验报告

单位:mm

		班级学号				姓 名			
		实验日期				同组人			
		指导教师				成 绩			
项目		奇数:$z=$		$k=$		偶数:$z=$		$k=$	
		1	2	3	平均值	1	2	3	平均值
测量数据	d_a								
	d_f								
	H_1								
	H_2								
	D								
	W_k								
	W_{k+1}								
计算结果	P_b								
	m								
	α								
	h_a^*								
	c^*								

附表:

基节 $P_b = \pi m \cos\alpha$ 的数值

单位:mm

模数 (m)	径节 (DP)	$P_b = \pi m \cos\alpha$				
		$\alpha = 22.5°$	$\alpha = 20°$	$\alpha = 17.5°$	$\alpha = 15°$	$\alpha = 14.5°$
1	25.400 0	2.902	2.952	2.996	3.034	3.041
1.058	24	3.071	3.123	3.170	3.210	3.218
1.155	22	3.352	3.410	3.461	3.505	3.513
1.25	20.320 0	3.628	3.690	3.745	3.793	3.817
1.270	20	3.686	3.749	3.805	3.854	3.863
1.411	18	4.095	4.165	4.228	4.282	4.292
1.5	16.933 3	4.354	4.428	4.494	4.552	4.562
1.588	16	4.609	4.688	4.758	4.819	4.830
1.75	14.514 3	5.079	5.166	5.243	5.310	5.323
1.814	14	5.265	5.355	5.435	5.505	5.517
2	12.700 0	5.805	5.904	5.992	6.069	6.083
2.117	12	6.144	6.250	6.343	6.424	6.439
2.25	11.288 9	6.530	6.642	6.741	6.828	6.843
2.309	11	6.702	6.816	6.918	7.007	7.023
2.5	10.160 0	7.256	7.380	7.490	7.586	7.604
2.54	10	7.372	7.498	7.610	7.708	7.725
2.75	9.236 4	7.982	8.118	8.239	8.345	8.364
2.822	9	8.191	8.331	8.455	8.563	8.583
3	8.466 7	8.707	8.856	8.989	9.104	9.125
3.175	8	9.215	9.373	9.513	9.635	9.657
3.25	7.815 4	9.433	9.594	9.738	9.862	9.885
3.5	7.257 1	10.159	10.332	10.487	10.621	10.645
3.629	7	10.533	10.713	10.873	11.012	11.038
3.75	6.773 3	10.884	11.070	11.236	11.379	11.406
4	6.350 0	11.610	11.809	11.986	12.138	12.166
4.233	6	12.286	12.496	12.683	12.845	12.875
4.5	5.644 4	13.061	13.285	13.483	13.655	13.687
5	5.080 0	14.512	14.761	14.981	15.173	15.208

续表

模数 (m)	径节 (DP)	$P_b = \pi m \cos\alpha$				
		$\alpha = 22.5°$	$\alpha = 20°$	$\alpha = 17.5°$	$\alpha = 15°$	$\alpha = 14.5°$
5.080	5	14.744	15.000	15.221	15.415	15.451
5.5	4.618 2	15.963	16.237	16.479	16.690	16.728
5.644	4.5	16.381	16.662	16.910	17.127	17.166
6	4.233 3	17.415	17.713	17.977	18.207	18.249
6.350	4	18.431	18.746	19.026	19.269	19.314
6.5	3.907 7	18.866	19.189	19.475	19.724	19.770
7	3.628 6	20.317	20.665	20.973	21.242	21.291
7.257	3.5	21.063	21.424	21.743	22.022	22.072
8	3.175 0	23.220	23.617	23.969	24.276	24.332
8.467	3	24.575	24.996	25.369	25.693	25.753
9	2.822 2	26.122	26.569	26.966	27.311	27.374
9.236	2.75	26.807	27.266	27.673	28.027	28.092
10	2.54	29.024	29.521	29.962	30.345	30.415
10.160	2.5	29.489	30.000	30.441	30.831	30.902
11	2.309 1	31.927	32.473	32.958	33.830	33.457
11.289	2.25	32.766	33.327	33.824	34.257	34.336
12	2.116 7	34.829	35.426	35.954	36.414	36.498
12.700	2	36.861	37.492	38.052	38.539	38.627
13	1.953 8	37.732	38.378	38.950	39.449	39.540
14	1.814 3	40.634	41.330	41.947	42.484	42.581
14.514	1.75	42.126	42.847	43.487	44.043	44.145
15	1.693 3	43.537	44.282	44.943	45.518	45.623
16	1.587 5	46.439	47.234	47.939	48.553	48.665
16.933	1.5	49.147	49.989	5.073 4	51.384	51.502
18	1.411 1	52.244	53.139	53.931	54.622	54.748
20	1.270 0	58.049	59.043	59.924	60.691	60.831
20.320	1.25	58.978	59.987	60.883	61.662	61.804
22	1.154 5	63.854	64.947	65.916	66.760	66.914
25	1.106 0	72.561	73.803	74.905	75.864	76.038
25.400	1	73.722	74.984	76.103	77.077	77.255

实验 4　带传动实验

一、实验目的

1. 观察带传动弹性滑动与打滑现象,加深理解带传动的概念。
2. 掌握摆动式电机的转矩与转速的基本测量方法。
3. 绘制带传动的滑动曲线和效率曲线。

二、实验设备和工具

(一) 系统组成(图 4-1)

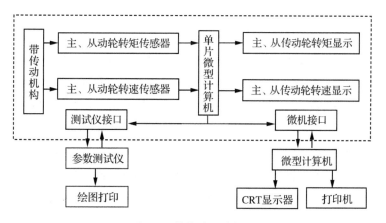

图 4-1　带传动系统框图

(二)系统结构(图4-2)

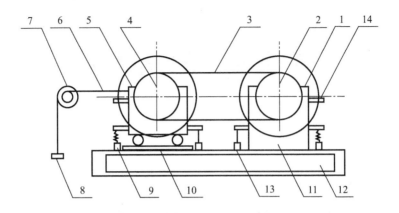

1. 从动直流发电机;2. 从动带轮;3. 传动带;4. 主动带轮;5. 主动直流电动机;
6. 牵引绳;7. 滑轮;8. 砝码;9. 拉簧;10. 浮动支座;11. 固定支座;12. 电测箱;
13. 拉力传感器;14. 标定杆。

图4-2 带传动系统结构示意图

三、实验原理和方法

带传动是应用广泛的一种传动,其性能试验是(机械设计)教学大纲规定的必做实验之一,也是产品开发中的一项重要检测手段。本实验设备的完善设计既能保证操作者的操作最简便,同时又能形象地获得传动的效率曲线及滑动曲线。采用直流电机为原动机及负载,具有无级调速功能。本实验台设计了专门的带传动预张力形成机构,预张力可预先准确设定,在实验过程中,预张力稳定不变。在实验台的电测箱中配置了单片机,设计了专用软件,使本实验台具有数据采集、数据处理、显示、保持、记忆等多种功能。也可与PC对接(本实验台已备有接口),这时可自动显示并打印输出实验数据及实验曲线。

对于电动机,由可控硅整流装置供给电动机电枢不同的端电压,实现无级调速。对于发电机,每按一下"加载"键,即并联上一个负载电阻,使发电机负载逐步增加,电枢电流增大,电磁转矩也随之增大,即发电机的负载转矩增大,改变了负载。两台电机的负载均为悬挂支承,当传递载荷时,作用于电机定子上的力矩 T_1(主动电机力矩)、T_2(从动电机力矩)迫使拉钩作用于拉力传感器,传感器输出的电信号正比于 T_1、T_2 的原始信号。电动机的机座设计成浮动结构(滚动滑槽),与牵引钢丝绳、定滑轮、砝码一起组成带传动预拉力形成机构,改变砝码质量,即可准确地设定带传动的预拉力 F_0。两台电机的转速传感器(红外光电传感器)分别安装在带轮背后的环形槽(图4-2中未标出)中,由此可获得必需的转速信号。

对不同型号的传动带须在不同预拉力 F_0 下进行试验,也可对同一型号的传动带采用不同的预拉力,测试不同预拉力对传动性能的影响。在空载时,记录主、从动轮的转矩与转速。按一次"加载"键,第一个加载指示灯亮,调节主动电机转速(此时,只需使用微调电位器进行转速调节),使其仍保持在预定转速内,待显示基本稳定(一般 LED 显示器跳动 2~3 次即可达到稳定值),记下主、从动轮的转矩及转速。再按一次"加载"键,第二个加载指示灯亮,调节主动电机转速(用微调电位器),仍保持预定转速,待显示稳定后再次记下主、从动轮的转矩及转速。第三次按"加载"键,第三个加载指示灯亮,同前次操作记下主、从动轮的转矩和转速。重复上述操作,直至 7 个加载指示灯亮,记下 8 组数据。根据这 8 组数据便可作出带传动滑动曲线 ε-T_2 及效率曲线 η-T_2。

四、实验数据记录(表4-1)

表 4-1 实验数据记录

序号	主动轮转速 (n_1)	从动轮转速 (n_2)	主动轮转矩 (T_1)	从动轮转矩 (T_2)	ε	η
1						
2						
3						
4						
5						
6						
7						
8						

其中,

$$\varepsilon = \frac{n_1 - n_2}{n_1} \times 100\%$$

$$\eta = \frac{T_2 \times n_2}{T_1 \times n_1} \times 100\%$$

五、实验报告

1. 绘制滑动曲线和效率曲线。

2. 思考题。

（1）带传动效率与哪些因素有关？为什么？

（2）带传动中弹性滑动与打滑有何区别？它们对于带传动各有什么影响？

（3）试解释实验所得的效率曲线和滑动曲线。

实验 5 液体动压滑动轴承特性实验

一、实验目的

1. 观察滑动轴承的动压油膜形成过程与现象。
2. 通过对实验数据的处理,绘制滑动轴承径向油膜压力分布曲线与承载曲线。

二、实验设备和工具

(一)实验系统组成(图 5-1)

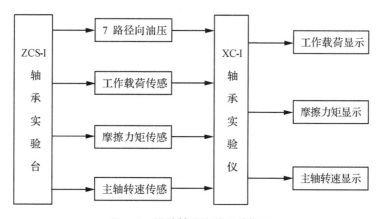

图 5-1 滑动轴承实验系统框图

(二)轴承实验台的结构特点

实验台结构如图 5-2 所示。该实验台主轴 7 由两个高精度的单列向心球轴承支承。直流电机 1 通过三角带 2 传动主轴 7,主轴顺时针转动。主轴上装有精密加工的轴瓦 5,由装在底座上的无级调速旋钮 12 实现主轴的无级变速,轴的转速由装在实验台上的霍尔转速传感器测出并显示。

轴瓦 5 外圆被加载装置(图中未画出)压住,旋转加载杆即可方便地加载轴瓦,加载力大小由工作载荷传感器 6 测出,在测试仪面板上显示。

轴瓦上还装有测力杆 L,在主轴回转过程中,主轴与轴瓦之间的摩擦力矩由摩擦力矩传感器测出,并在测试仪面板上显示,由此算出摩擦系数。

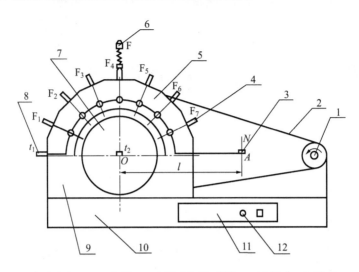

1. 直流电机；2. 三角带；3. 摩擦力矩传感器；4. 油压表；5. 轴瓦；
6. 工作载荷传感器；7. 主轴；8. 径向油压传感器(7 只)；9. 油槽；
10. 底座；11. 操作面板；12. 调速旋钮。

图 5-2 实验台结构示意图

轴瓦前端装有 7 只测径向压力的油压表 4,油的进口在轴瓦的 $\frac{1}{2}$ 处。由油压表可读出轴与轴瓦之间径向平面内相应点的油膜压力,由此可绘制出径向油膜压力分布曲线。

三、实验原理和方法

滑动轴承形成动压润滑油膜的过程如图 5-3 所示。当轴静止时,轴承孔与轴颈直接接触,如图 5-3(a)所示。径向间隙使轴颈与轴承的配合面之间形成楔形间隙,其间充满润滑油。由于润滑油具有黏性而附着于零件表面,因而当轴颈回转时,依靠附着在轴颈上的油层带动润滑油挤入楔形间隙。因为通过楔形间隙的润滑油质量不变(流体连续运动原理),而楔形间隙的截面逐渐变小,润滑油分子间相互挤压,从而油层中必然产生流体动压力,力图挤开配合面,达到支承外载荷的目的。当各种参数协调时,液体动压力能保证轴的中心与轴瓦中心有一偏心距 e。最小油膜厚度 h_{min} 存在于轴颈与轴承孔的中心连线上。液体动压力的分布如图 5-3(c)所示。

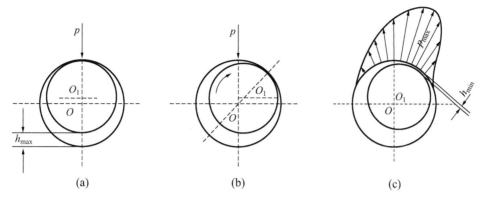

图 5-3 液体动压润滑膜形成的过程

❖ **油膜压力测试实验**

如图 5-2 所示,启动电机,控制主轴转速,并施加一定的工作载荷,运转一定时间后轴承中形成压力油膜。图中代号 F_1、F_2、F_3、F_4、F_5、F_6、F_7 表示 7 个油压表,用于测量并显示轴瓦表面每隔 22°角处的 7 点油膜压力值。

根据测出的各实际压力值,按一定比例绘制出油压分布曲线,作出油膜实际压力分布曲线与理论分布曲线,比较两者间的差异。

四、实验步骤

（一）系统联接及接通电源

轴承实验台在接通电源前,应先将电机调速旋扭逆时针转至"0 速"位置,再将摩擦力矩传感器信号输出线、转速传感器信号输出线分别接入实验仪的对应接口,最后松开实验台上的螺旋加载杆,打开实验台及实验仪的电源开关,接通电源。

（二）记录各压力表的压力值

1. 在松开螺旋加载杆的状态下,启动电机并慢慢将主轴转速调到 300 r/min 左右。
2. 慢慢转动螺旋加载杆,同时观察实验仪面板上的工作载荷显示窗口,一般应加至 1 800 N 左右。
3. 待各压力表的压力值稳定后,由左至右依次记录各压力表的压力值。

（三）关机

待实验数据记录完毕后,先松开螺旋加载杆,并旋动调速旋钮使电机转速为零,再关闭实验台及实验仪电源。

（四）绘制径向油膜压力分布曲线与承载曲线

根据测出的各压力值按一定比例绘制油压分布曲线与承载曲线,如图 5-4 所示。此图的具体画法是:沿着圆周表面从左到右画出角度分别为 30°、50°、70°、90°、110°、130°、150°的角,分别得出油孔点 1、2、3、4、5、6、7 的位置。将这些点与圆心 O 相连,在各连线的延长线上依据压力表测出的压力值按比例(用 5 mm 表示 0.1 MP)画出压力线 1—1′、2—2′、3—3′、…、7—7′。将 1′、2′、3′、…、7′各点连成光滑曲线,此曲线就是所测轴承的一个径向截面的油膜径向压力分布曲线。

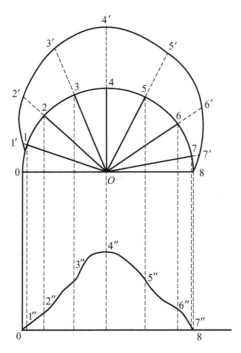

图 5-4 油压分布曲线(上图)、油膜承载曲线(下图)

为了确定轴承的承载量,由 $p_i\sin\varphi_i$($i=1、2、\cdots、7$)求得向量 1—1′、2—2′、3—3′、…、7—7′在载荷方向(即 y 轴)上的投影值。角度 φ_i 与 $\sin\varphi_i$ 的数值见表 5-1。

表 5-1 φ_i 与 $\sin\varphi_i$ 的数值

φ_i	30°	50°	70°	90°	110°	130°	150°
$\sin\varphi_i$	0.500	0.766 0	0.939 7	1.00	0.939 7	0.766 0	0.500 0

将 $p_i\sin\varphi_i$ 这些平行于 y 轴的向量移到直径 0—8 上。为清楚起见,将直径 0—8 平移到图 5-4 的底部。在直径 0—8 上先画出轴承表面油孔位置的投影点,然后通过这些点画出上述相应各点的压力在载荷方向上的分量,即 1″、2″、…、7″等点,将各点连成光滑曲线,此曲线即载荷方向上的承载曲线。

五、注意事项

在开机做实验之前必须首先完成以下几点操作,否则容易影响设备的使用寿命和精度。

1. 在启动电机之前请确认载荷为空,即要求先启动电机再加载。

2. 在一次实验结束后马上又要重新开始实验前,请顺时针旋转轴瓦上端的螺钉,顶起轴瓦将油膜放干净,同时在操作面板上按复位按钮(这一点很重要),这样能确保下次实验数据准确。

3. 由于油膜形成需要一小段时间,所以在开机实验或在变化载荷或转速后请待其稳定了(一般等待 5~10 s 即可)再采集数据。

4. 在长期使用过程中请确保实验油足量、清洁;油量不足或不干净都会影响实验数据的精度,并会造成油压传感器堵塞等问题。

六、实验数据记录(表5-2)

表 5-2 滑动轴承压力分布

载荷	转速	压力表号						
		1	2	3	4	5	6	7
F_{r1}	n_1							
	n_2							
F_{r2}	n_1							
	n_2							

七、实验报告

1. 绘制油膜径向压力分布曲线与承载曲线。

2. 思考题:为什么油膜压力分布曲线会随转速的改变而改变?

实验 6 齿轮传动效率测试实验

一、实验目的

1. 了解机械传动效率测试的意义、内容和方法。
2. 了解封闭功率流式齿轮实验台的基本结构、特点及测定齿轮传动效率的方法。
3. 通过改变载荷,测出不同载荷下的传动效率和功率。绘制 T_1-T_9 关系曲线及 η-T_9 关系曲线,其中 T_1 为轮系输入扭矩(即电机输出扭矩),T_9 为封闭扭矩(即载荷扭矩),η 为齿轮传动效率。

二、实验设备和工具

齿轮实验台为小型台式封闭功率流式齿轮实验台,采用悬挂式齿轮箱不停机加载的方式,加载方便,操作简单安全,耗能少。在数据处理方面,既可以直接用抄录数据手工计算,也可以和计算机接口组成具有数据采集、结果显示、信息储存、打印输出等多种功能的自动化处理系统。该系统具有重量轻、机电一体化等特点。

(一)实验系统组成(图 6-1)

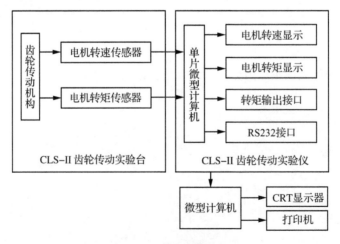

图 6-1 实验系统框图

（二）实验台结构

实验台的结构示意图如图 6-2（a）所示，由定轴齿轮副、悬挂齿轮箱、扭力轴、双万向联轴器等组成一个封闭的机械系统。

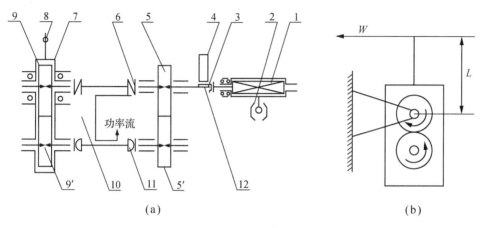

1. 悬挂电机；2. 转矩传感器；3. 浮动联轴器；4. 霍耳传感器；
5、5′. 定轴齿轮副；6. 刚性联轴器；7. 悬挂齿轮箱；8. 砝码；
9、9′. 悬挂齿轮副；10. 扭力轴；11. 万向联轴器；12. 永久磁钢。

图 6-2 齿轮实验台结构示意图

电机采用外壳悬挂结构，通过浮动联轴器和齿轮相连，与电机悬臂相连的转矩传感器把电机转矩信号送入实验台电测箱，在数码显示器上直接读出。电机转速由霍耳传感器 4 测出，同时送往电测箱中显示。

实验仪箱体内附设有单片机，承担检测、数据处理、信息记忆、自动数字显示及传送等功能。若通过串行接口与计算机相连，就可由计算机对所采集的数据进行自动分析处理，并能显示及打印齿轮传递效率 η-T_9 曲线及 T_1-T_9 曲线和全部相关数据。

三、实验原理和方法

（一）封闭功率流方向的确定

由图 6-2（b）可知，实验台空载时，悬挂齿轮箱的杠杆通常处于水平位置，当加上一定载荷之后（通常加载的砝码是 0.5 kg 以上），悬挂齿轮箱会产生一定角度的翻转，这时扭力轴将有一力矩 T_9 作用于齿轮 9（其方向为顺时针），万向连轴也有一力矩 T_9' 作用于齿轮 9′（其方向也是顺时针，如忽略摩擦，$T_9' = T_9$）。当电机按顺时针方向以角速度 ω 转动时，T_9 与 ω 的方向相同，T_9' 与 ω 的方向相反，故这时齿轮 9 为主动轮，齿轮 9′ 为从动轮。同理，齿轮 5′ 为主动轮，齿轮 5 为从动轮。封闭功率流的方向如图 6-2（a）所示，其大小为

$$P_\alpha = \frac{T_9 \cdot N_9}{9\,550} = P_9' \,(\mathrm{kW})$$

该功率流的大小取决于加载力矩和扭力轴的转速,而不是取决于电机。电机提供的功率仅为封闭传动中损耗的功率,即

$$P_1 = P_9 - P_9 \cdot \eta_{总}$$

故

$$\eta_{总} = \frac{P_9 - P_1}{P_9} = \frac{T_9 - T_1}{T_9}$$

$$单对齿轮\ \eta = \sqrt{\frac{T_9 - T_1}{T_9}}$$

η 为总效率,若 $\eta = 95\%$,则电机供给的能量约为封闭功率值的 $\frac{1}{10}$,是一种高效节能的试验方法。

(二) 封闭力矩 T_9 的确定

由图 6-2(b) 可以看出,当悬挂齿轮箱杠杆加上载荷后,齿轮 9、齿轮 9′就会产生扭矩,其方向都是顺时针。对齿轮 9′中心取矩,得到封闭扭矩 T_9(本实验台中 T_9 是所加载荷产生扭矩的一半),即

$$T_9 = \frac{WL}{2} (\text{N} \cdot \text{m})$$

式中: W——所加砝码重力(N);

L——加载杠杆长度,$L = 0.3$ m。

平均效率为(本实验台电机为顺时针旋转)

$$\eta = \sqrt{\eta_{总}} = \sqrt{\frac{T_9 - T_1}{T_9}} = \sqrt{\frac{\frac{WL}{2} - T_1}{\frac{WL}{2}}}$$

式中: T_1——电机输出扭矩(电测箱输出扭矩显示值)。

四、实验步骤

(一) 系统联接及接通电源

齿轮实验台在接通电源前,应首先将电机调速旋钮逆时针转至"0 速"位置,再将传感器扭矩信号输出线及转速信号输出线分别插入电测箱后板和实验台的相应接口上,然后打开电源开关,接通电源。打开实验仪后板上的电源开关,并按一下"清零"键,此时,输出转速显示为"0",输出扭矩显示为".",实验系统处于"自动校零"状态。校零结束后,扭矩显示为"0"。

(二) 加载

调零及放大倍数调整结束后,为保证加载过程中机构运转比较平稳,建议先将电机转

速调低。一般实验转速调到 300~800 r/min 为宜。待实验台处于稳定空载运转后(若有较大振动,要按一下加载砝码吊篮或适当调节一下电机转速),在砝码吊篮上加上第一个砝码。观察输出转速及扭矩值,待显示稳定(一般加载后扭矩显示值跳动 2~3 次即可达到稳定值)后,按一下"保持"键,使当时的转速及扭矩值稳定不变,记录该组数值。然后按一下"加载"键,第一个加载指示灯亮,并脱离"保持"状态,表示第一点加载结束。在吊篮上加上第二个砝码,重复上述操作,直至加上 8 个砝码,8 个加载指示灯亮,转速及扭矩显示器分别显示"8888"则表示实验结束。

根据所记录的 8 组数据便可作出齿轮传动的传动效率 η-T_9 曲线及 T_1-T_9 曲线。

注意 加载过程中,应始终使电机转速基本保持在预定转速。

五、实验数据记录(表6-1)

表6-1 实验数据记录

序号	电机转速	输入扭矩(T_1)	封闭扭矩(T_9)	η
1				
2				
3				
4				
5				
6				
7				
8				

六、实验报告

1. 绘制 T_1-T_9 关系曲线及 η-T_9 关系曲线。

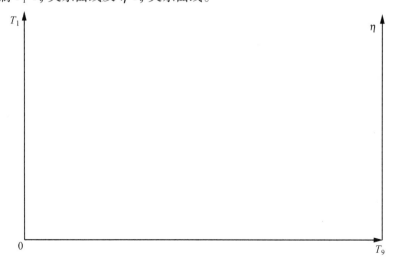

2. 思考题。

(1) 闭式齿轮传动的效率测试与开式的有什么不同？

(2) 叙述闭式齿轮传动的效率测试的原理。

实验 7 减速器拆装实验

一、实验目的

1. 了解减速器的功能、分类和传动路线。
2. 了解减速器中各零件的作用、结构形态及装配关系。
3. 了解减速器的润滑和密封。

二、实验设备和工具

齿轮减速器、蜗杆减速器、钢尺、游标卡尺、内(外)卡尺等。

三、实验内容

1. 了解铸造箱体的结构。
2. 观察并了解减速器附属零件的用途、结构和安装位置的要求。
3. 测量减速器的中心距,中心高,箱座上、下凸缘的宽度和厚度,筋板厚度,齿轮端面(蜗轮轮毂)与箱体内壁的距离,大齿轮顶圆(蜗轮外圆)与箱内壁之间的距离,轴承内端面至箱内壁之间的距离等。
4. 观察并了解蜗杆减速器箱体侧面(蜗轮轴向)宽度与蜗杆的轴承盖外圆之间的关系。为提高蜗杆轴的刚度,仔细观察蜗杆轴承座的结构特点。
5. 了解轴承的润滑方式和密封装置,包括外密封的形式。了解轴承内侧挡油环、封油环的作用原理及其结构和安装位置。
6. 了解轴承的组合结构以及轴承的拆、装、固定和轴向游隙的调整。测绘高速轴及轴承部件的结构图。

四. 实验步骤

(一)拆卸

1. 仔细观察减速器外面各部分的结构,并思考以下问题:
(1)如何保证箱体轴承座具有足够的刚度?

（2）轴承座两侧的上、下箱体联接螺栓应如何布置？

（3）支承该螺栓的凸台高度应如何确定？

（4）如何减轻箱体的质量和减少箱体的加工面积？

（5）减速器的附件如吊钩、定位销钉、启盖螺钉、油标、油塞、观察孔和通气孔等各起何作用？其结构如何？应如何合理布置？

2. 用扳手拆下观察孔盖板，考虑观察孔位置是否恰当，大小是否合适。

3. 拆卸箱盖。

（1）用扳手拆下轴承端盖的紧固螺钉。

（2）用扳手（或套筒扳手）拆卸上、下箱体之间的联接螺栓，拆下定位销钉。将螺钉、螺栓、垫圈、螺母和销钉等放在塑料盘中，以免丢失。拧动启盖螺钉使上、下箱体分离，卸下箱盖。

（3）仔细观察箱体内各零部件的结构及位置，并思考以下问题：

① 对轴向游隙可调的轴承应如何进行调整？

② 轴的热膨胀如何进行补偿？

③ 轴承是如何进行润滑的？

④ 若箱座的结合面上有油沟，则箱盖应相应采取怎样的结构才能使箱盖上的油进入油沟？油沟有几种加工方法？加工方法不同时，油沟的形状有何异同？

⑤ 为了使润滑油经油沟进入轴承，轴承盖的结构应如何设计？

⑥ 在何种条件下滚动轴承的内侧要用挡油环或封油环？其作用原理、构造和安装位置如何？

（4）卸下轴承盖。

（5）将轴和轴上零件随轴一起从箱座取出，按合理的顺序拆卸轴上零件。

（二）装配

按原样将减速器装配好。装配时按先内部后外部的合理顺序进行；装配轴套和滚动轴承时，应注意方向；应注意滚动轴承的合理装拆方法。经指导教师检查后才能合上箱盖。装配上、下箱之间的联接螺栓前应先安装好定位销钉，最后拧紧各个螺栓。

五、注意事项

1. 实验前必须预习实验指导书，初步了解有关减速器的装配图。

2. 切勿盲目拆装，拆卸前要仔细观察零部件的结构及位置，考虑好合理的拆装顺序，拆下的零部件要妥善放好，避免丢失和损坏。

3. 爱护工具及设备，仔细拆装，使箱体外的油漆少受损坏。

4. 认真完成实验报告。

六、思考题

1. 试说明减速器各零件的名称及其作用。

2. 试以中间轴或低速轴为例,说明轴上零件的径向固定和轴向固定。

3. 减速器的齿轮和轴承采用什么方法润滑?

第二部分

材料基本力学性能测定

实验 8　金属材料的拉伸实验

一、实验目的

1. 了解电子万能试验机的工作原理,熟悉其操作规程和正确的使用方法。
2. 测定低碳钢的屈服极限 σ_s、强度极限 σ_b、延伸率 δ、截面收缩率 ψ 和铸铁的强度极限 σ_b。
3. 观察低碳钢和铸铁在拉伸过程中的各种现象,绘制拉伸曲线(F-ΔL 曲线)。
4. 比较低碳钢和铸铁两种材料的拉伸性能和断口情况。

二、实验设备和工具

微机控制电子万能试验机、游标卡尺。

三、实验原理和方法

(一) 拉伸试件

金属材料拉伸实验常用的试件形状如图 8-1 所示。图中工作段长度 l_0 称为标距,试件的拉伸变形量一般由这一段的变形来测定,两端较粗的部分是为了便于装入试验机的夹头内。

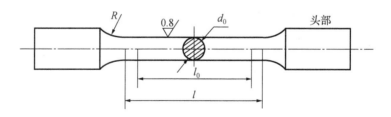

图 8-1　金属材料拉伸实验常用拉伸试件形状

为了使实验测得的结果可以互相比较,试件须按现行国家标准 GB 6397—86 做成标准试件,即 $l_0 = 5d_0$ 或 $l_0 = 10d_0$。

对于薄板材料的拉伸实验,也应按国家标准做成矩形截面试件,如图 8-2 所示。其截面面积和试件标距的关系为 $l_0 = 11.3\sqrt{A_0}$ 或 $l_0 = 5.65\sqrt{A_0}$（A_0 为标距段内的截面面积）。

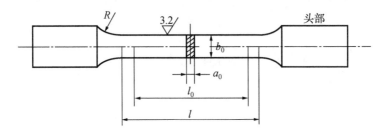

图 8-2　薄板材料的拉伸试件形状

（二）低碳钢的拉伸实验

实验时计算机自动绘出低碳钢的拉伸曲线（图 8-3），试件依次经过弹性、屈服、强化和颈缩四个阶段，其中前三个阶段是均匀变形的。

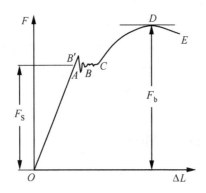

图 8-3　低碳钢的拉伸曲线

1. 弹性阶段是指图 8-3 中的 OA 段。当载荷增加到 A 点时，OA 段是直线，表明此阶段内载荷与试件的变形成比例关系，即符合胡克定律的弹性变形范围。

2. 屈服阶段是指图 8-3 中的 BC 段。当载荷增加到 B' 点时，载荷值不变或突然下降到 B 点，然后在小范围内摆动，这时变形加快，载荷增加很慢，说明材料产生了屈服（或称流动）。与 B' 点相应的应力叫上屈服极限，与 B 点相应的应力叫下屈服极限，因为下屈服极限比较稳定，所以材料的屈服极限一般规定按下屈服极限取值。以 B 点相对应的载荷值 F_s 除以试件的原始截面面积 A，即得到低碳钢的屈服极限 $\sigma_s\left(\sigma_s = \dfrac{F_s}{A}\right)$。

3. 强化阶段是指图 8-3 中的 CD 段。屈服阶段后，试件要承受更大的外力才能继续发生变形，若要使塑性变形加大，必须增加载荷。当载荷达到最大值 F_b（D 点）时，试件的塑性变形集中在某一截面处的一小段内，此时记下最大载荷值 F_b，用 F_b 除以试件的原始截面面积 A，就得到低碳钢的强度极限 $\sigma_b\left(\sigma_b = \dfrac{F_b}{A}\right)$。

4. 颈缩阶段是指图 8-3 中的 DE 段。载荷达到最大值后，冷作硬化跟不上变形的发展,由于材料本身存在缺陷,于是均匀变形转化为集中变形,导致颈缩。承载面积急剧减小,试件承受的载荷不断下降,到 E 点试件断裂。试件拉断后,取下试件,观察断口。将断裂的试件断口紧对在一起,用游标卡尺测量出断裂后试件标距间的长度 l_1,按下式可计算出低碳钢的延伸率 δ:

$$\delta = \frac{l_1 - l_0}{l_0} \times 100\%$$

将断裂试件的断口紧对在一起,用游标卡尺量出断口(细颈)处的直径 d_1,计算出面积 A_1,按下式计算出低碳钢的截面收缩率 ψ:

$$\psi = \frac{A_0 - A_1}{A_0} \times 100\%$$

5. 断口的移位方法。

从断裂后的低碳钢试件上可以看到,各处的残余伸长不是均匀分布的。离断口越近则变形越大,离断口越远则变形越小,因此测得 l_1 的数值与断口的部位有关。为了统一 δ 值的计算,规定以断口在标距长度中央的 $\frac{1}{3}$ 区段内为准来测量 l_1 的值,若断口不在 $\frac{1}{3}$ 区段内,则需要采用断口移位法进行换算,其方法如下:

设两标线 c 到 c_1 之间共刻有 n 格,如图 8-4 所示,拉伸前各格之间距离相等,在断裂试件较长的右段上从邻近断口的一个刻线 d 起,向右取 $\frac{n}{2}$ 格,标记为 a,这就相当于把断口摆在标距中央,再看 a 至 c_1 有多少格,就由 a 向左取相同的格数,标记为 b,令 L' 表示 c

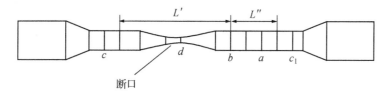

图 8-4 断口移位法

到 b 的长度,则 $L' + 2L''$ 的长度中包含的格数等于标距长度内的格数 n,故 $l_1 = L' + 2L''$。

(三)铸铁的拉伸实验

铸铁是典型的脆性材料,其拉伸曲线如图 8-5 所示。在变形极小时,就达到最大载荷而突然发生断裂,这时没有直线部分,也没有屈服和颈缩现象,只有强化阶段。因此,只要测量出最大载荷 F_b 即可,可用公式 $\sigma_b = \frac{F_b}{A}$ 计算铸铁的强度极限 σ_b。

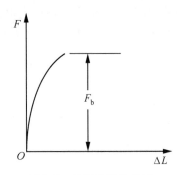

图 8-5 铸铁的拉伸曲线

四、实验步骤

（一）微机控制操作步骤

1. 试件的准备。在试件中段取标距 $l_0 = 10d_0$ 或 $l_0 = 5d_0$（一般 d_0 取 10 mm），在标距两端做好标记。对低碳钢试件，用刻线机在标距长度内每隔 10 mm 画一圆周线，将标距 10 等分或 5 等分，为断口位置的补偿做准备。用游标卡尺在标距线附近及中间各取一截面，对每个截面沿互相垂直的两个方向各测一次直径，取平均值，取这三处截面直径的最小值 d_0 作为计算试件横截面面积 A_0 的依据。

2. 试验机的准备。首先了解电子万能试验机的基本构造原理，学习试验机的操作规程。

（1）旋开钥匙开关，启动试验机。第一步：连接好试验机电源线及各通信线缆；第二步：打开空气开关；第三步：打开钥匙开关。

（2）连接试验机与计算机。打开计算机显示器与主机，运行实验程序，进入实验主界面，单击主菜单上的"联机"，连接试验机与计算机。

3. 安装试件。根据试件形状和尺寸选择合适的夹头，先将试件安装在下夹头上，移动横梁调整夹头间距，再将试件另一端装入上夹头夹紧。缓慢加载，观察微机实验主界面上载荷的情况，以检查试件是否已夹牢，如有打滑则需重新安装。

4. 清零及实验条件设定。

（1）录入试样：单击主菜单上的"试样"，选择试验材料、试验方法、试样形状，输入试验编号、试件原始尺寸。

（2）实验参数设定：单击主菜单上的"参数设置"，设定初始载荷值、横梁移动速度（1~3 mm/min）与移动方向（向下）、试验结束条件等参数。

（3）清零：单击主菜单上的"位移清零""变形清零""载荷清零"进行清零。

5. 进行实验。选定曲线显示类型为"负荷 - 位移曲线"（不接引伸计）或"负荷 - 变形曲线"（接引伸计），单击主菜单上的"试验开始"进行实验，实验过程中注意观察曲线的变化情况与试件的各种物理现象。

6. 实验结束。当试件被拉断或达到设定的结束条件时,单击主菜单上的"试验结束",结束实验。

7. 保存结果。

8. 实验完毕,取下试件,退出实验程序,将仪器设备恢复原状,关闭电源,清理现场。检查实验记录是否齐全,并请指导教师签字。

(二) 手动操作步骤

1. 试件的准备与微机控制方法相同。

2. 旋开钥匙开关,启动试验机。第一步:连接好试验机电源线及各通信线缆;第二步:打开空气开关;第三步:打开钥匙开关。

3. 安装试件。根据试件形状和尺寸选择合适的夹头,先将试件安装在下夹头上,移动横梁调整夹头间距,再将试件另一端装入上夹头夹紧。缓慢加载,观察液晶操作板上载荷的情况,以检查试件是否已夹牢,如有打滑则需重新安装。

4. 清零及实验条件设定。在试验机正常开启后自动进入的主界面状态下进行清零:按【0】键位移清零;按【1】键载荷清零;按【2】键变形清零。按↑键或↓键,上调或下调速度,直至符合试验要求。

5. 进行实验。按【复位】键,打开实验状态,此时显示屏状态处于"试验开始";按下降键【▼】,按照设定的实验条件开始加载,当试件断裂或超过传感器满量程时自动停机,此时显示屏状态处于"试验结束"。按【F1】键进入实验结果界面,记录实验结果数据。加载过程中注意观察试件的各种物理现象。对低碳钢试件,当载荷值不变或下降,而变形值增加时,说明材料开始屈服,记录屈服载荷 F_s,再继续加载,直至试件断裂后停机,记下最大载荷 F_b;对铸铁试件,不存在屈服现象,只记录拉断时的最大载荷 F_b。

6. 按清除键【F3】,清除本次实验结果数据。按返回键【F4】,返回到主界面。实验完成后,重复上述步骤,做下一个实验。

7. 实验完毕,取下试件,将仪器设备恢复原状,关闭电源,清理现场。检查实验记录是否齐全,并请指导教师签字。

五、实验结果处理

1. 根据测得的屈服载荷 F_s 和最大载荷 F_b,计算屈服极限 σ_s 和强度极限 σ_b。铸铁试件不存在屈服阶段,只计算 σ_b,即 $\sigma_s = \dfrac{F_s}{A_0}$,$\sigma_b = \dfrac{F_b}{A_0}$,式中:$A_0$ 为试件的横截面面积。

2. 根据拉伸前后试件的标距长度和横截面面积,计算低碳钢的延伸率 δ 和截面收缩率 ψ,即 $\delta = \dfrac{l_1 - l_0}{l_0} \times 100\%$,$\psi = \dfrac{A_0 - A_1}{A_0} \times 100\%$,式中:$A_1$ 为颈缩处的横截面面积。

3. 画出试件的破坏形状图,并分析其破坏原因。

4. 按规定格式写出实验报告。报告中各类表格、曲线、简图和原始数据应齐全。

❖ 附:材料力学实验报告(一)

实验名称:金属材料的拉伸实验

实验地点:＿＿＿＿＿＿＿＿＿＿＿＿＿＿＿　　实验日期:＿＿＿＿＿＿＿＿＿

指导教师:＿＿＿＿＿＿＿＿＿＿＿＿＿＿＿　　班　　级:＿＿＿＿＿＿＿＿＿

小组成员:＿＿＿＿＿＿＿＿＿＿＿＿＿＿＿　　报 告 人:＿＿＿＿＿＿＿＿＿

一、实验目的和要求

二、实验设备及仪器

试验机型号、名称:＿＿＿＿＿＿＿＿＿＿＿＿＿＿＿＿＿＿

量具型号、名称:＿＿＿＿＿＿＿＿＿＿＿＿＿＿＿＿＿＿＿

三、拉伸试件

1. 试件材料:低碳钢 Q235、灰口铸铁、铜棒、铝棒。

2. 试件形状和尺寸。

实验前					实验后				
试件原始形状图					试件断后形状图				
尺寸	低碳钢	铸铁	铜棒	铝棒	尺寸	低碳钢	铸铁	铜棒	铝棒
平均直径 d_0/mm					最小直径 d_1/mm				
横截面面积 A_0/mm²					最小截面积 A_1/mm²				
标距长度 l_0/mm					断后长度 l_1/mm				

四、实验数据及计算结果

试件	实验数据		计算结果			
	屈服载荷 F_s/kN	最大载荷 F_b/kN	屈服极限 σ_s/MPa	强度极限 σ_b/MPa	延伸率 δ/%	截面收缩率 ψ/%
低碳钢						
铸铁	—		—		—	—

附：

计算公式：

$$屈服极限\ \sigma_s = \frac{F_s}{A_0} \qquad 延伸率\ \delta = \frac{l_1 - l_0}{l_0} \times 100\%$$

$$强度极限\ \sigma_b = \frac{F_b}{A_0} \qquad 截面收缩率\ \psi = \frac{A_0 - A_1}{A_0} \times 100\%$$

五、拉伸曲线示意图

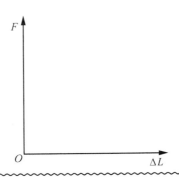

六、思考题

1. 参考低碳钢拉伸曲线，分段回答力与变形的关系以及实验中反映的现象。

2. 由低碳钢、铸铁的拉伸曲线和试件断口形状及测试结果，分析二者机械性能有什么不同。

3. 回忆本次实验过程，你从中学到了哪些知识？

实验 9　金属材料的压缩实验

一、实验目的

1. 测定压缩时低碳钢的屈服极限 σ_s 和铸铁的强度极限 σ_b。
2. 观察低碳钢和铸铁压缩时的变形和破坏现象,并进行比较和分析原因。

二、实验设备和工具

微机控制电子万能试验机、游标卡尺。

三、实验原理和方法

(一) 压缩试件

金属材料的压缩试件一般制成短圆柱形,如图9-1所示。试件受压时,两端面与试验机垫板间的摩擦力约束试件的横向变形,影响试件的强度。随着比值 $\dfrac{h_0}{d_0}$ 的增加,上述摩擦力对试件中部的影响减弱。但比值 $\dfrac{h_0}{d_0}$ 也不能过大,否则将引起失稳。一般要求 $1 \leqslant \dfrac{h_0}{d_0} \leqslant 3$。

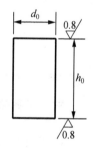

图 9-1　压缩试件形状

(二) 实验原理

实验时计算机自动绘出低碳钢的压缩曲线(图9-2)和铸铁的压缩曲线(图9-3)。对于低碳钢试件,从图9-2中可以看出,压缩过程中产生屈服以前的基本情况与拉伸时相同,载荷到达 B 点时,载荷值不变或下降,说明材料产生了屈服。当载荷超过 B 点后,塑性变形逐渐增加,试件横截面积逐渐明显地增大,试件最后被压成鼓形而不断裂,故只能测出产生屈服时的载荷 F_s,由 $\sigma_s = \dfrac{F_s}{A_0}$ 得出材料受压时的屈服极限但得不出受压时的强度极限。

对于铸铁试件,从图9-3中可以看出,受压时在很小的变形下即发生破坏,只能测出

F_b,由 $\sigma_b = \dfrac{F_b}{A_0}$ 得出材料的强度极限。铸铁破坏时的裂缝约与轴线成 45°角。

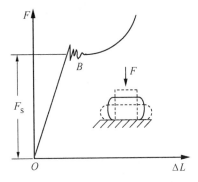

图 9-2 低碳钢试件的压缩曲线

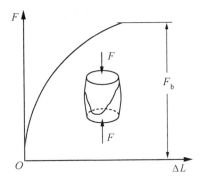

图 9-3 铸铁试件的压缩曲线

四、实验步骤

1. 试件的准备。用游标卡尺在试件中点处两个相互垂直的方向测量直径 d_0,取其平均值。

2. 试验机的准备。试验机的启动以及与计算机的联机和拉伸实验相同。

3. 放置试件。尽量将试件准确地放在机器活动承垫中心处,使试件承受轴向压力。移动横梁向下运动,在试件与上压头将要接触时要特别注意减缓横梁移动速度,使之慢慢接触,以免发生撞击,损坏机器。

4. 清零及实验条件设定。

（1）录入试样:单击主菜单上的"试样",选择试验材料、试验方法、试样形状,输入试验编号、试件原始尺寸。

（2）实验参数设定:单击主菜单上的"参数设置",设定初始载荷值、横梁移动速度(1~3 mm/min)与移动方向(向下)、试验结束条件等参数。

（3）清零:单击主菜单上的"位移清零""变形清零""载荷清零"进行清零。

5. 进行实验。选定曲线显示类型为"负荷－位移曲线"(不接引伸计)或"负荷－变形曲线"(接引伸计),单击主菜单上的"试验开始"进行实验,实验过程中注意观察曲线的变化情况与试件的物理现象。

6. 实验结束。当试件被压裂或达到设定的结束条件时,单击主菜单上的"试验结束"结束实验。

7. 保存结果。

8. 实验完毕。取出试件,退出实验程序,将仪器设备恢复原状,关闭电源,清理现场。检查实验记录是否齐全,并请指导教师签字。

五、实验结果处理

1. 根据测得的屈服载荷 F_s 和最大载荷 F_b,分别计算低碳钢试件的屈服极限 σ_s 和铸铁试件的强度极限 σ_b。
2. 画出试件的破坏形状图,并分析其破坏原因。
3. 按规定格式填写实验报告。报告中各类表格、曲线、简图和原始数据应齐全。

❖ 附:材料力学实验报告(二)

实验名称:金属材料的压缩实验

实验地点:_____ 实验日期:_____

指导教师:_____ 班　　级:_____

小组成员:_____ 报 告 人:_____

一、实验目的和要求

二、实验设备及仪器

试验机型号、名称:_____

量具型号、名称:_____

三、压缩试件

1. 试件材料。试件①:低碳钢 Q235;试件②:灰口铸铁。
2. 试件形状和尺寸。

	实验前		实验后	
	低碳钢	铸铁	低碳钢	铸铁
试件 形状 草图				
平均直径 d_0/mm			—	—
横截面面积 A_0/mm²			—	—

四、实验数据及计算结果

试件	实验数据		计算结果	
	屈服载荷 F_s/kN	最大载荷 F_b/kN	屈服极限 σ_s/MPa	强度极限 σ_b/MPa
低碳钢		—		—
铸铁	—		—	

附：

计算公式：

$$\text{屈服极限 } \sigma_s = \frac{F_s}{A_0} \qquad \text{强度极限 } \sigma_b = \frac{F_b}{A_0}$$

五、压缩曲线示意图

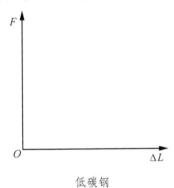
低碳钢

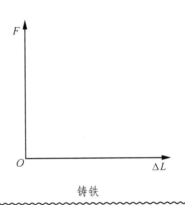
铸铁

六、思考题

1. 低碳钢压缩曲线与拉伸曲线有何区别？这说明什么问题？

2. 为什么铸铁压缩时沿轴线大致成45°方向的斜截面破坏？

3. 低碳钢压缩后为什么成鼓形？

实验 10　电阻应变片的粘贴技术

一、实验目的

1. 了解电阻应变片的结构、规格、原理和用途等。
2. 学会设计布置电阻应变片的方案。
3. 初步掌握电阻应变片的粘贴技术。
4. 初步掌握焊接方法。

二、实验设备及器材

电阻应变片,接线端子,剥线钳,导线,悬臂梁,电烙铁,焊锡丝,砂布、酒精、药棉等清洗器材,502 胶、防潮剂、玻璃纸及胶带,镊子,剪刀等。

三、实验原理和方法

电阻应变片(简称应变片)是由很细的电阻丝绕成栅状或用很薄的金属箔腐蚀成栅状,并用胶水粘贴固定在两层绝缘薄片中制成,如图 10-1 所示。栅的两端各焊一小段引线,以供实验时与导线连接。应变片的基本参数有灵敏系数 K、初始电阻值 R、标距 L 和宽度 B。

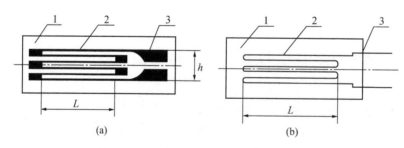

1. 基体;2. 合金丝(或栅状金属箔);3. 金属丝引线。

图 10-1　应变片的结构

实验时,将应变片用专门的胶水牢固地粘贴在构件表面需测应变处。当该部位沿应

变片 L 方向产生线变形时,应变片亦随之一起变形,应变片的电阻值也产生了相应的变化。实验证明,在一定范围内应变片的电阻变化率与该处构件的长度变化率成正比,即

$$\frac{\Delta R}{R} = K \cdot \frac{\Delta L}{L}$$

式中：R——应变片初始电阻值;

ΔR——应变片电阻的变化值；

K——应变片灵敏系数,表示每单位应变所造成的相对电阻变化,由制造厂家抽样标定给出,一般 K 值在 2.0 左右。

由于构件的变形是通过应变片的电阻变化来测定的,因此,应变测试中,应变片的粘贴是极为重要的一个技术环节。应变片的粘贴质量直接影响测试数据的稳定性和测试结果的准确性。在实验中要求认真掌握应变片粘贴技术。应变片粘贴过程有应变片的筛选、测点表面处理与测点定位、应变片粘贴固化、导线焊接与固定和应变片粘贴质量检查等。

四、实验步骤

(一) 设计布片方案

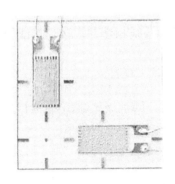
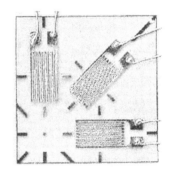

图 10-2　单向应变计　　　图 10-3　90°应变计　　　图 10-4　三片应变花

单向应变计(图 10-2):需要知道主应力方向;90°应变计(图 10-3):用于测扭矩,粘贴方向与轴线成 45°角;三片应变花(图 10-4):在无法确定主应力方向时使用,可通过公式计算出最大、最小主应力和方向。

(二) 应变片的筛选

应变片的外观检查要求其基底、覆盖层无破损和折曲;敏感栅平直、排列整齐;无锈斑、霉点、气泡;引出线焊接牢固。

(三) 测点表面处理和测点定位

为了使应变片牢固地粘贴在构件表面,必须进行表面处理。在测点范围内的试件表

面上,采用机械方法,先用粗砂纸打磨,除去氧化层、锈斑、涂层、油污,使其表面平整光洁。再用细砂纸沿应变片轴线方向成45°角打磨,以保证应变片受力均匀。然后用脱脂棉球蘸丙酮(或酒精)沿同一方向清洗贴片处,直至棉球上看不见污迹为止。构件表面处理的面积应大于电阻应变片的面积。

测点定位,即用划针或铅笔在测点处画出纵横中心线,纵线方向应与应变方向一致。

(四)应变片粘贴

应变片粘贴即将电阻应变片准确可靠地粘贴在试件的测点上。分别在构件预贴应变片处及电阻应变片底面涂上一薄层胶水(如502瞬时胶),将应变片准确地贴在预定的画线部位上,垫上玻璃纸,以防胶水糊在手指上;然后用拇指沿同一方向轻轻滚压,挤去多余胶水和胶层的气泡;用手指按住应变片1~2 min,待胶水初步固化后,即可松手。粘贴好的应变片应位置准确;胶层薄而均匀,密实而无气泡。在室温下完成上述工序后,等待24小时即完成干燥固化。

(五)应变片粘贴质量检查

观察粘合层是否有气泡,整个应变片是否全部粘贴牢固,有无造成短路、断路等部位。检查应变片粘贴的位置是否正确,其中线是否与测点预定方向重合。

(六)导线固定

将应变片的引线和连接应变仪的导线相连并焊接到接线端子上,以便固定。用胶带将导线固定到梁上。

(七)实验结束

做完实验后,整理好所用仪器设备,清理实验现场,将所用仪器设备复原,实验资料交指导教师检查并签字。

五、注意事项

1. 在选应变片和粘贴的过程中,不要用手接触片身,要用镊子夹取引线。
2. 清洗后的被测点不要用手接触,以防粘上油渍和汗渍。
3. 固化的应变片及引线要用防潮剂(石蜡、松香)或胶布防护。

六、实验报告内容

> **附：材料力学实验报告（三）**
>
> 实验名称：电阻应变片的粘贴技术
>
> 实验地点：_____   实验日期：_____
> 指导教师：_____   班　　级：_____
> 小组成员：_____   报 告 人：_____
>
> 一、实验目的和要求
>
>
>
> 二、实验设备及仪器
>
> 试验机型号、名称：_____
>
> 量具型号、名称：_____
>
> 三、思考题
>
> 1. 简述应变片筛选原则与原因。
>
>
>
> 2. 简述应变片粘贴过程及注意事项。
>
>
>
> 3. 分析实验过程中遇到的问题并简述处理方法。

实验 11 纯弯曲梁的正应力实验

一、实验目的

1. 用电测法测定纯弯曲梁弯曲时横截面各点的正应力大小和分布规律,验证纯弯曲梁的正应力计算公式。
2. 测定泊松比 μ。
3. 了解电测法的基本原理和应变仪的操作方法。

二、实验设备和工具

多功能组合实验装置、TS3862 型静态数字应变仪、纯弯曲实验梁温度补偿块。

三、实验原理和方法

(一)验证纯弯曲梁的正应力计算公式

由梁的内力分析(图 11-1)可知,BC 段的剪应力为零,弯矩为 $M = \dfrac{1}{2}Fa$,因此梁的 BC 段为纯弯曲段。

在纯弯曲条件下,根据平面假设和纵向纤维间无正应力的假设,可得梁横截面上任一点的正应力计算公式为

$$\sigma = \frac{My}{I_z}$$

式中:M——弯矩;

I_z——为横截面对中性轴的惯性矩;

y——所求应力点到中性轴的距离。

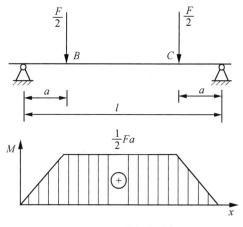

图 11-1 梁的内力分析

为了研究梁在纯弯曲时横截面上正应力的分布规律,在梁的纯弯曲段沿梁侧面不同高度平行于轴线贴有应变片,如图 11-2 所示。

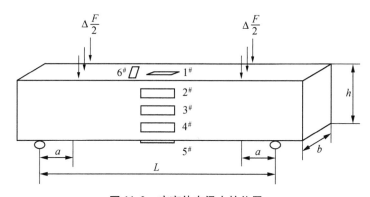

图 11-2 应变片在梁中的位置

实验采用半桥单臂、公共补偿、多点测量的方法。加载采用增量法,即每增加等量的载荷 ΔF,测出各点的应变增量 $\Delta \varepsilon_{实i}$,然后分别取各点应变增量的平均值 $\Delta \overline{\varepsilon}_{实i}$,依次求出各点的应力增量 $\Delta \overline{\sigma}_{实i} = E \Delta \overline{\varepsilon}_{实i}$,将实测应力值与理论应力值 $\Delta \sigma_i = \dfrac{\Delta M y_i}{I_Z} = \dfrac{\frac{1}{2}\Delta F a y_i}{I_Z}$ 进行比较,以验证弯曲正应力公式。

(二)测定泊松比 μ

在梁的上边缘纵向应变片 1 附近,沿着梁的宽度粘贴一横向电阻应变片 6,测出沿宽度方向的应变值 ε',利用公式 $\mu = \left| \dfrac{\varepsilon'}{\varepsilon} \right|$ 确定泊松比的数值。

四、注意事项

1. 每次实验前先将仪器接通电源,打开仪器预热 20 min 左右,讲完课再做实验。

2. 看清实验台上加载、卸载指示旋转方向,加载时缓慢均匀地旋转手轮。

3. 加载机构作用行程为 50 mm,手轮即将转动到行程末端时应缓慢转动,以免撞坏有关定位件。该装置只允许加 4 000 N 载荷,超载会损坏实验装置。

4. 所有实验完成后,应释放加载机构,以免闲杂人员损坏传感器和有关试件。

五、实验步骤

1. 设计好本实验所需的各类数据表格。

2. 测量矩形截面梁的宽度 b 和高度 h、载荷作用点到梁支点的距离 a 及各应变片到中性层的距离 y_i。可参考实验报告中相关数据。

3. 将实验装置上传感器的五芯航空插头连接到应变仪背面的五芯航空插座上,插上电源,将开关打开,预热 20 min,并检查该装置是否处于正常实验状态。

4. 输入传感器量程及灵敏度以及应变片灵敏系数(一般首次使用时已调好,如实验项目及传感器没有改变,可不必重新设置)。

5. 拟订加载方案。选取适当的初载荷 P_0(一般取 $P_0 = 10\% P_{\max}$),估算 $P_{\max}$(该实验载荷范围 $P_{\max} \leq 4\ 000\ \text{N}$),分 4~6 级加载。

6. 分清各测点应变片引线,按实验要求接好线,调整好仪器和实验加载装置,检查整个测试系统是否处于正常工作状态。

7. 根据加载方案加载。首先在不加载的情况下将应变仪上的应变量旋钮调至零;然后均匀缓慢加载至初载荷 P_0,记下各点应变的初始读数;再逐级等增量加载,每增加一级载荷,依次记录各点电阻应变片的应变值 ε_i,直到最终载荷。实验至少重复两次。

注意 将实验数据记入相关表格,并对数据做初步整理(表格在实验报告中)。

8. 做完实验后,卸掉载荷,拆除接线,关闭电源,整理好所用仪器设备,清理实验现场,实验资料交指导教师检查并签字。

六、实验结果处理

1. 根据测得的各点应变值,计算出各点应变增量的平均值 $\Delta \overline{\varepsilon}_{实i}$,由 $\Delta \overline{\sigma}_{实i} = E \Delta \overline{\varepsilon}_{实i} \times 10^{-6}$ 计算出 1、2、3、4、5 各点的应力增量。

2. 根据 $\Delta \sigma_i = \dfrac{\Delta M y_i}{I_Z}$,$\Delta M = \dfrac{1}{2} \Delta F a$,计算各点的理论应力增量并与 $\Delta \overline{\sigma}_{实i}$ 相比较。

3. 将不同点处的 $\Delta \overline{\sigma}_{实i}$ 与 $\Delta \sigma_i$ 绘在以截面高度为纵坐标、以应力大小为横坐标的平面内,即可得到梁截面上的实验与理论应力分布曲线,将两者进行比较即可验证正应力分布规律和应力计算公式。

4. 利用纵向应变 $\Delta \overline{\varepsilon}_1$、横向应变 $\Delta \overline{\varepsilon}_6$,计算出泊松比 $\mu_{实}$,$\mu_{实} = \dfrac{\Delta \overline{\varepsilon}_6}{\Delta \overline{\varepsilon}_1}$,与真实值 $\mu =$

0.26 比较。

> ❖ **附:材料力学实验报告(四)**
>
>
>
> 实验名称:纯弯曲梁的正应力实验
>
> 实验地点:＿＿＿＿＿＿＿＿＿＿＿＿ 实验日期:＿＿＿＿＿＿＿＿＿＿＿＿
> 指导教师:＿＿＿＿＿＿＿＿＿＿＿＿ 班 级:＿＿＿＿＿＿＿＿＿＿＿＿
> 小组成员:＿＿＿＿＿＿＿＿＿＿＿＿ 报 告 人:＿＿＿＿＿＿＿＿＿＿＿＿
>
> 一、实验目的和要求
>
>
> 二、实验设备及仪器
> 试验机型号、名称:＿＿＿＿＿＿＿＿＿＿＿＿＿＿＿＿＿＿
> 量具型号、名称:＿＿＿＿＿＿＿＿＿＿＿＿＿＿＿＿＿＿
> 三、试件相关数据
>
>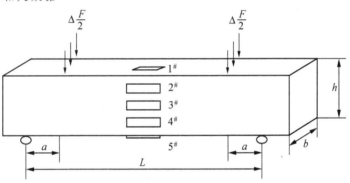
>
> **实验装置简图及应变片布置图**
> **试件相关数据**
>
> | 应变片至中性层的距离/mm | | 梁的尺寸和有关参数 |
> |---|---|---|
> | y_1 | -18 | 宽 度 $b = 20$ mm |
> | y_2 | -9 | 高 度 $h = 36$ mm |
> | y_3 | 0 | 跨 度 L |
> | y_4 | 9 | 载荷距离 $a = 135$ mm |
> | y_5 | 18 | 弹性模量 $E = 200$ GPa |
> | | | 泊 松 比 $\mu = 0.29$ |
> | | | 惯 性 矩 $I_z = \dfrac{bh^3}{12} = 0.778 \times 10^{-7}$ m^4 |

四、实验数据记录

实验数据记录

加载序号	载荷值 F_i/N	1点 ε_d	2点 ε_d	3点 ε_d	4点 ε_d	5点 ε_d	6点 ε_d
0							
1							
2							
3							
4							
5							
6							

五、实验数据整理

实验数据整理

序号	$\Delta F/N$	1点 $\Delta\varepsilon_d$	2点 $\Delta\varepsilon_d$	3点 $\Delta\varepsilon_d$	4点 $\Delta\varepsilon_d$	5点 $\Delta\varepsilon_d$	6点 $\Delta\varepsilon_d$
1							
2							
3							
4							
5							
6							
平均值							

注：算得实验数据记录表中每列上下相邻两项的数据差后，按对应顺序填入实验数据整理表中，最后求出每竖栏数据的算术平均值。

六、实验结果处理

1. 实验值计算。

$\Delta \overline{\sigma}_{实1} = E\Delta\overline{\varepsilon}_{实1} \times 10^{-6} = $ _____ MPa $\qquad \Delta \overline{\sigma}_{实2} = E\Delta\overline{\varepsilon}_{实2} \times 10^{-6} = $ _____ MPa

$\Delta \overline{\sigma}_{实3} = E\Delta\overline{\varepsilon}_{实3} \times 10^{-6} = $ _____ MPa $\qquad \Delta \overline{\sigma}_{实4} = E\Delta\overline{\varepsilon}_{实4} \times 10^{-6} = $ _____ MPa

$\Delta \overline{\sigma}_{实5} = E\Delta\overline{\varepsilon}_{实1} \times 10^{-6} = $ _____ MPa

$\mu_{实} = \dfrac{\Delta\overline{\varepsilon}_{实6}}{\Delta\overline{\varepsilon}_{实1}} = $ _____

2. 理论值计算。

$\Delta M = \dfrac{1}{2}\Delta Fa$ $\qquad \Delta\sigma_{理1} = \dfrac{\Delta M y_1}{I_z} = $ _____ MPa

$\Delta\sigma_{\text{理}3} = 0\text{MPa}$ $\qquad\qquad$ $\Delta\sigma_{\text{理}2} = \dfrac{\Delta M y_2}{I_Z} = $ _____ MPa

$\Delta\sigma_{\text{理}4} = \dfrac{\Delta M y_4}{I_Z} = $ _____ MPa $\qquad$ $\Delta\sigma_{\text{理}5} = \dfrac{\Delta M y_5}{I_Z} = $ _____ MPa

3. 实验值与理论值的相对误差。

实验值与理论值的比较

测 点	理论值 $\Delta\sigma_{\text{理}i}$/MPa	实际值 $\Delta\sigma_{\text{实}i}$/MPa	相对误差/%
1			
2			
3			
4			
5			
μ			

4. 实验与理论的应力分布曲线。

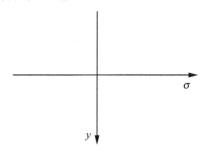

七、思考题

1. 若在梁的同一高度处沿轴线方向两面都贴有应变片，请考虑是否有其他接线方法，并在实验时应用。

2. 影响实验结果准确性的主要因素是什么?

3. 弯曲正应力的大小是否受弹性模量 E 的影响?

4. 梁弯曲的正应力公式并未涉及材料的弹性模量 E,而实测应力值的计算却用了弹性模量 E,为什么?

5. 实验时没有考虑梁的自重,会引起误差吗? 为什么?

实验 12　弯扭组合应力测定实验

一、实验目的和要求

1. 用电测法测平面应力状态下某一点的主应力的大小和方向,并与理论计算值进行比较。
2. 测定薄壁圆筒在弯扭组合变形作用下的弯矩和扭矩。
3. 掌握电阻应变花的使用方法。

二、实验设备和工具

多功能组合实验装置、TS3860 型数字应变仪。

三、实验原理和方法

本实验装置所用试件为无缝钢管制成的薄壁圆筒,当在扇臂端加一集中外力时,薄壁圆筒将产生弯扭组合变形,实验装置及其计算简图和内力图如图 12-1 所示。

贴片截面 B-D 为被测位置,截面上的各种应力分布如图 12-2 所示。贴片截面 B-D 上各点的应力状态分析如图 12-3 所示。由应力状态分析可知构件表面上的 B、D 点为平面应力状态,B 点的应力有 $\sigma_{弯}$ 和 $\tau_{扭}$,在测量时可以分别测量;A、C 点为纯剪切应力状态。

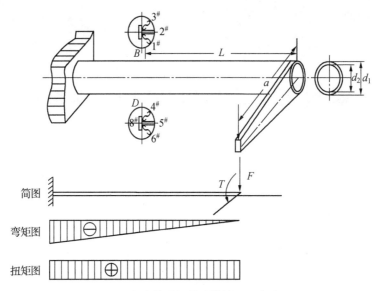

图 12-1 实验装置及其计算简图和内力图

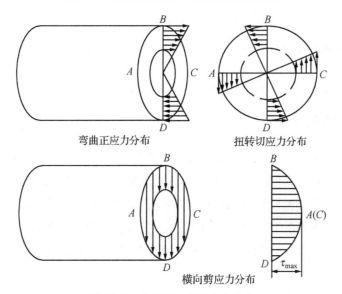

图 12-2 截面上的各种应力分布

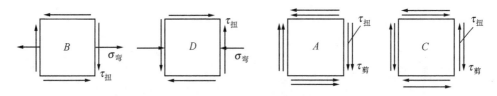

图 12-3 各点的应力状态分析

（一）测定主应力大小和方向

由应力状态分析可知构件表面上的 B、D 点为平面应力状态,若在被测位置 x、y 平面内,沿 x、y 方向的线应变分别为 ε_x、ε_y,切应变为 γ_{xy},根据应变分析可知,该点任一方向 α 的线应变的计算公式为

$$\varepsilon_\alpha = \frac{\varepsilon_x + \varepsilon_y}{2} + \frac{\varepsilon_x - \varepsilon_y}{2}\cos 2\alpha - \frac{1}{2}\gamma_{xy}\sin 2\alpha \tag{1}$$

由此得到主应变及其方向为

$$\left.\begin{array}{l}\varepsilon_1 \\ \varepsilon_3\end{array}\right\} = \frac{\varepsilon_x + \varepsilon_y}{2} \pm \sqrt{\left(\frac{\varepsilon_x - \varepsilon_y}{2}\right)^2 + \left(\frac{\gamma_{xy}}{2}\right)^2} \\ \tan 2\alpha_0 = -\frac{\gamma_{xy}}{\varepsilon_x - \varepsilon_y} \tag{2}$$

对于各向同性材料,主应变 ε_1、ε_3 和主应力 σ_1、σ_3 方向一致。应用广义胡克定律,即可确定主应力 σ_1、σ_3 分别为

$$\left.\begin{array}{l}\sigma_1 = \dfrac{E}{1-\mu^2}(\varepsilon_1 + \mu\varepsilon_3) \\ \sigma_3 = \dfrac{E}{1-\mu^2}(\varepsilon_3 + \mu\varepsilon_1)\end{array}\right\} \tag{3}$$

式中,E、μ 分别为构件材料的弹性模量和泊松比。

本实验装置采用 45°的直角应变花,应变花上三个应变片的 α 角分别为 $-45°$、$0°$、$45°$,代入式(1),得出沿这三个方向的线应变分别是

$$\left.\begin{array}{l}\varepsilon_{-45°} = \dfrac{\varepsilon_x + \varepsilon_y}{2} + \dfrac{\gamma_{xy}}{2} \\ \varepsilon_{0°} = \varepsilon_x \\ \varepsilon_{45°} = \dfrac{\varepsilon_x + \varepsilon_y}{2} - \dfrac{\gamma_{xy}}{2}\end{array}\right\} \tag{4}$$

从式(4)中解出

$$\left.\begin{array}{l}\varepsilon_x = \varepsilon_{0°} \\ \varepsilon_y = \varepsilon_{45°} + \varepsilon_{-45°} - \varepsilon_{0°} \\ \gamma_{xy} = \varepsilon_{-45°} - \varepsilon_{45°}\end{array}\right\} \tag{5}$$

将式(5)代入式(2),可得主应变和主方向为

$$\left.\begin{array}{l}\varepsilon_1 \\ \varepsilon_3\end{array}\right\} = \dfrac{\varepsilon_{-45°} + \varepsilon_{45°}}{2} \pm \dfrac{\sqrt{2}}{2}\sqrt{(\varepsilon_{-45°} - \varepsilon_{0°})^2 + (\varepsilon_{45°} - \varepsilon_{0°})^2} \\ \tan 2\alpha_0 = \dfrac{\varepsilon_{45°} - \varepsilon_{-45°}}{2\varepsilon_{0°} - \varepsilon_{-45°} - \varepsilon_{45°}}\end{array}\right\} \tag{6}$$

再将主应变代入式(3)后得

$$\left.\begin{array}{l}\sigma_1 \\ \sigma_3\end{array}\right\} = \dfrac{E(\varepsilon_{45°} + \varepsilon_{-45°})}{2(1-\mu)} \pm \dfrac{\sqrt{2}E}{2(1+\mu)}\sqrt{(\varepsilon_{45°} - \varepsilon_{0°})^2 + (\varepsilon_{-45°} - \varepsilon_{0°})^2} \tag{7}$$

如果测得三个方向的应变值 $\varepsilon_{-45°}$、$\varepsilon_{0°}$、$\varepsilon_{45°}$，由式（7）和式（6）即可确定一点处主应力的大小及方向的实验值。

（二）测定弯矩

薄壁圆筒虽为弯扭组合变形，但 B 和 D 两点因剪应力引起的切应力 $\tau_j=0$，而因扭矩引起的切应力 τ_n 与轴向应变无关，沿 x 方向只有因弯曲引起的拉伸或压缩应变，且两者数值相等、符号相反。因此只要在 B 点（D 点）轴向布片，采用不同的组桥方式测量，即可得到 B、D 两点由弯矩引起的轴向应变 ε_M。由广义胡克定律 $\sigma=E\varepsilon_M$、最大弯曲正应力公式 $\sigma=\dfrac{M}{W_Z}$，可得截面 B-D 的弯矩实验值为

$$M=\sigma W_Z=E\varepsilon_M W_Z=\dfrac{E\pi d_1^{\,3}(1-\alpha^4)}{32}\varepsilon_M,\ \alpha=\dfrac{d_2}{d_1}$$

（三）测定扭矩

1. 方法一：利用 B、D 两点处的应变花。

根据广义胡克定律，B 和 D 两点因扭矩引起的切应力 τ_n 只会引起切应变，由式（5）中 $\gamma_{xy}=\varepsilon_{-45°}-\varepsilon_{45°}$ 知，只要在 B 点（D 点）$\pm 45°$方向布片，采用不同的组桥方式测量，即可得到 B、D 两点由扭矩引起的切应变 γ_n。

由广义胡克定律 $\tau_n=G\gamma_n=\dfrac{E}{2(1+\mu)}\gamma_n$，以及截面上最大扭转切应力公式 $\tau_n=\dfrac{T}{W_t}$ 可得截面 B-D 的扭矩实验值为

$$T=\tau_n W_t=\dfrac{E\gamma_n}{2(1+\mu)}\cdot\dfrac{\pi d_1^{\,3}(1-\alpha^4)}{16},\ \alpha=\dfrac{d_2}{d_1}$$

2. 方法二：利用 A、C 两点处的应变花。

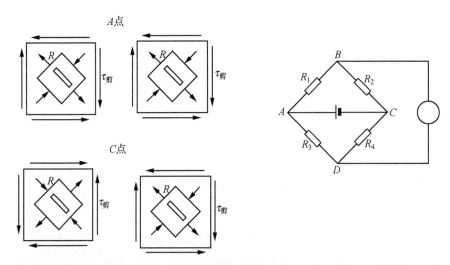

τ_n 在横截面周边处都相等，在纵向截面处不但有 τ_n，而且还有弯曲剪应力引起的 τ_j。

根据 A、C 点的应力状态分析(纯剪切),为了测出 τ_n,在 A 点和 C 点处与轴线成 $\pm 45°$ 各贴两片应变片。根据桥路的加减特性,请考虑利用 A、C 点 $\pm 45°$ 方向的应变片是否还有其他接线方案(半桥或全桥)。

四、实验步骤

1. 设计好本实验所需的各类数据表格。

2. 测量扇臂的长度 a 和测点距力臂的距离 L,确定试件的有关参数(将数据记入实验报告相关表格中)。

3. 将实验装置上力传感器的五芯航空插头连接到应变仪背面的五芯航空插座上,插上电源,将开关打开,预热 20 min,并检查该装置是否处于正常实验状态。

4. 输入传感器量程及灵敏度和应变片灵敏系数(一般首次使用时已调好,如实验项目及传感器没有改变,可不必重新设置)。

5. 拟订加载方案,根据设计要求,初载 $P_0 \geq 100$ N,终载 $P_{max} \leq 500$ N,分 4~6 级等增量加载。

6. 分清各测点应变片引线,将薄壁圆筒上的应变片按不同测试要求接到综合参数测试仪上,并调整好仪器,检查整个测试系统是否处于正常工作状态。完成下列参数的测定:

(1) 主应力大小、方向:将 A、B、C、D 四点的 $-45°$、$0°$、$45°$ 方向的应变片按四分之一桥、公共温度补偿法组成测量线路进行测量。

(2) 弯矩:将 B 和 D 两点的两只 $0°$ 方向的应变片按半桥双臂组成测量线路进行测量 ($\varepsilon_M = \dfrac{\varepsilon_d}{2}$,$\varepsilon_d$ 为仪器读数)。

(3) 扭矩:将 B 点的 $-45°$、$45°$ 和 D 点的 $45°$、$-45°$ 方向的四只应变片按全桥方式组成测量线路进行测量 $\left(\gamma_n = \dfrac{\varepsilon_d}{2}, \varepsilon_d \text{ 为仪器读数}\right)$。

注意 也可以根据实验要求,自行设计组桥方案。对(2)、(3)项,请根据各点的应力状态分析图,至少设计一种其他的组桥方案。

7. 加载。首先在不加载的情况下将测力量和应变量调至零;然后缓慢均匀地加载至初载荷 P_0,记下各点应变的初始读数;再逐级等增量加载,每增加一级载荷,依次记录各点应变片的应变值,直至最终载荷。实验至少重复两次(将实验数据记入实验报告相关表格中)。

8. 做完实验后,卸掉载荷,拆除接线,关闭电源,整理好所用仪器设备,清理实验现场,实验资料交指导教师检查并签字。

五、注意事项

1. 看清实验台上的加载、卸载指示旋转方向,加载时缓慢均匀地旋转手轮。

2. 实验装置中,圆筒的壁很薄,为避免损坏装置,注意切勿超载(该装置只允许加 500 N 载荷),不能用力扳动圆筒的自由端和力臂。

3. 测定每项参数时,在不加载的情况下将测力量和应变量先清零,等显示数据稳定后再加载。

4. 所有实验完成后,应释放加载机构,以免闲杂人员损坏传感器和有关试件。

六、实验结果处理

1. 根据 B、D 点所测应变值分别计算 B、D 点的主应力 σ_1、σ_3 及主方向 α_0,并与理论值进行比较,计算相对误差。

2. 根据各种组桥方式测出的应变计算弯矩和扭矩,并与理论值比较,计算相对误差。

3. 分析产生误差的主要原因。

4. 按规定格式写出实验报告。

❖ **附:材料力学实验报告(五)**

实验名称:弯扭组合应力测定实验

实验地点:＿＿＿＿＿＿＿＿＿＿＿＿＿＿＿ 实验日期:＿＿＿＿＿＿＿＿＿＿

指导教师:＿＿＿＿＿＿＿＿＿＿＿＿＿＿＿ 班　　级:＿＿＿＿＿＿＿＿＿＿

小组成员:＿＿＿＿＿＿＿＿＿＿＿＿＿＿＿ 报　告　人:＿＿＿＿＿＿＿＿＿＿

一、实验目的和要求

二、实验设备及仪器

试验机型号、名称:＿＿＿＿＿＿＿＿＿＿＿＿＿＿＿

量具型号、名称:＿＿＿＿＿＿＿＿＿＿＿＿＿＿＿

三、试件相关数据

圆筒的尺寸和有关参数

扇臂长度 $a=$　　mm	弹性模量 $E=210$ GPa
计算长度 $L=$　　mm	泊松比 $\mu=0.29$
外　径 $d_1=37$ mm	内　径 $d_2=35.4$ mm

四、实验数据记录及整理

实验数据

载荷/N			F	100	150	200	250	300	350	400
			ΔF	50	50	50	50	50	50	
各测点综合参数测试仪读数	A点	$-45°$	ε_d							
			$\Delta \varepsilon_d$							
			平均值							
		$0°$	ε_d							
			$\Delta \varepsilon_d$							
			平均值							
		$45°$	ε_d							
			$\Delta \varepsilon_d$							
			平均值							
	B点	$-45°$	ε_d							
			$\Delta \varepsilon_d$							
			平均值							
		$0°$	ε_d							
			$\Delta \varepsilon_d$							
			平均值							
		$45°$	ε_d							
			$\Delta \varepsilon_d$							
			平均值							
	C点	$-45°$	ε_d							
			$\Delta \varepsilon_d$							
			平均值							
		$0°$	ε_d							
			$\Delta \varepsilon_d$							
			平均值							
		$45°$	ε_d							
			$\Delta \varepsilon_d$							
			平均值							
	D点	$-45°$	ε_d							
			$\Delta \varepsilon_d$							
			平均值							
		$0°$	ε_d							
			$\Delta \varepsilon_d$							
			平均值							
		$45°$	ε_d							
			$\Delta \varepsilon_d$							
			平均值							

续表

载荷/N			100	150	200	250	300	350	400
	F		100	150	200	250	300	350	400
	ΔF		50	50	50	50	50	50	
测试仪读数	弯矩	ε_d							
		$\Delta \varepsilon_d$							
		平均值							
	扭矩	ε_d							
		$\Delta \varepsilon_d$							
		平均值							

五、实验结果处理

1. A、B、C 和 D 点的主应力及方向的实测值。

$$\left.\begin{array}{l}\sigma_1\\\sigma_3\end{array}\right\} = \frac{E(\overline{\varepsilon}_{45°}+\overline{\varepsilon}_{-45°})}{2(1-\mu)} \pm \frac{\sqrt{2}E}{2(1+\mu)}\sqrt{(\overline{\varepsilon}_{45°}-\overline{\varepsilon}_{0°})^2+(\overline{\varepsilon}_{-45°}-\overline{\varepsilon}_{0°})^2}$$

$$\tan 2\alpha_0 = \frac{\overline{\varepsilon}_{45°}-\overline{\varepsilon}_{-45°}}{2\overline{\varepsilon}_{0°}-\overline{\varepsilon}_{-45°}-\overline{\varepsilon}_{45°}}$$

2. B 或 D 点的主应力及方向的理论值。

弯矩 $M = \Delta F \cdot L$ 扭矩 $T = \Delta F \cdot a$

$$W_Z = \frac{\pi d_1^3}{32}(1-\alpha^4) \qquad W_t = \frac{\pi d_1^3}{16}(1-\alpha^4)$$

弯曲正应力 $\sigma_M = \dfrac{M}{W_Z}$ 扭转切应力 $\tau_n = \dfrac{T}{W_t}$

B 点 $\left.\begin{array}{l}\sigma_1\\\sigma_3\end{array}\right\} = \dfrac{\sigma_M}{2} \pm \sqrt{\left(\dfrac{\sigma_M}{2}\right)^2 + \tau_n^2}$

$$\tan 2\alpha_0 = \frac{-2\tau_n}{\sigma_M}$$

D 点 $\left.\begin{array}{l}\sigma_1\\\sigma_3\end{array}\right\} = -\dfrac{\sigma_M}{2} \pm \sqrt{\left(\dfrac{-\sigma_M}{2}\right)^2 + (-\tau_n)^2}$

$$\tan 2\alpha_0 = \frac{-2(-\tau_n)}{-\sigma_M}$$

3. A 或 C 点的扭转剪应力和弯曲剪应力（在中性层上可视为纯剪切状态）：

扭转切应力 $\tau_n = \dfrac{T}{W_t}$

弯曲剪应力 $\tau_j = 2\dfrac{M}{A}$，$A = 2\pi R_0$

其中,圆筒壁厚 $R_0 = 17.6$ mm

A 点的剪应力 $\tau = \tau_n + \tau_j$

C 点的剪应力 $\tau = \tau_n - \tau_j$

4. B-D 截面的弯矩及扭矩实测值。

弯矩 $M = E\overline{\varepsilon}_M W_Z = \dfrac{E\pi d_1^3(1-\alpha^4)}{32}\varepsilon_M, \alpha = \dfrac{d_2}{d_1}$

$\left(\text{若采用半桥测量}, \overline{\varepsilon}_M = \dfrac{\overline{\varepsilon}_d}{2}, \overline{\varepsilon}_d \text{ 为测试仪读数的平均值}。\right)$

扭矩 $T = \tau_n W_t = \dfrac{E\overline{\gamma}_n}{2(1+\mu)} \cdot \dfrac{\pi d_1^3(1-\alpha^4)}{16}, \alpha = \dfrac{d_2}{d_1}$

5. 实验值与理论值比较。

各点的主应力及方向

比较内容		实验值	理论值	相对误差/%
A 点	σ_1/MPa			
	σ_3/MPa			
	α_1/(°)			
	α_3/(°)			
B 点	σ_1/MPa			
	σ_3/MPa			
	α_1/(°)			
	α_3/(°)			
C 点	σ_1/MPa			
	σ_3/MPa			
	α_1/(°)			
	α_3/(°)			
D 点	σ_1/MPa			
	σ_3/MPa			
	α_1/(°)			
	α_3/(°)			

B-D 截面的弯矩和扭矩

比较内容	实验值	理论值	相对误差/%
弯矩/(N·m)			
扭矩/(N·m)			

七、思考题

1. 测量单一内力分量引起的应变,可以采用哪几种桥路接线法?

2. 主应力测量中,45°直角应变花是否可沿任意方向粘贴?

3. 对测量结果进行分析讨论,误差的主要原因是什么?

第三部分

数据测量与公差技术

实验 13　光滑工件尺寸的检测

一、实验目的和要求

1. 了解立式光学比较仪的基本技术性能指标和光学杠杆放大原理。
2. 学会调节仪器零位并掌握测量方法。
3. 巩固轴类零件有关尺寸及形位公差的概念。
4. 掌握数据处理方法和合格性判断原则。

二、仪器简介及工作原理

立式光学比较仪主要利用量块与零件相比较的方法来测量物体外形的微差尺寸,是一种常用的精密测量器具。

1. LG-1 立式光学比较仪的主要技术参数。

总放大倍数:约 1 000 倍

分度值:0.001 mm

示值范围:±0.1 mm

测量范围:0～180 mm

示值误差:±0.000 3 mm

测量的最大不确定度:±$(0.5+L/100)$ μm

工作原理如图 13-1 所示,由白炽灯 1 发出的光线经过聚光镜 2 和滤光片 3,通过隔热片 4,照明分划板 5 的刻线面,再通过反射棱镜 6 后射向准直物镜 9。由于分划板 5 的刻线面置于准直物镜 9 的焦平面上,所以成像光束通过准直物镜 9 后成为一束平行光入射于平面反射镜 10 上。根据自准直原

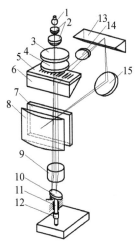

1. 白炽灯;2. 聚光镜;3. 滤光片;4. 隔热片;
5. 分划板;6. 反射棱镜;7. 投影屏;8. 读数放大镜;9. 准直物镜;10. 平面反射镜;11. 测杆;
12. 测帽;13. 直角棱镜;14. 投影物镜;15. 反射镜。

图 13-1　立式光学比较仪的工作原理

理,分化板刻线的像被平面反射镜 10 反射后,再经准直物镜 9 被反射棱镜 6 反射,成像在投影物镜 14 的物平面上,然后通过投影物镜 14、直角棱镜 13 和反射镜 15 成像在投影屏 7 上,通过读数放大镜 8 观察投影屏 7 上的刻线像。

2. JDG-S1 数字式立式光学计的基本技术性能指标。

分度值:0.000 1 mm

示值范围:(相对于中心零位) ≥ ±0.1 mm

测量范围:0 ~ 180 mm

示值误差: ±0.000 25 mm

示值稳定性:0.000 1 mm

测量的最大不确定度: $\pm(0.5 + L/100)\,\mu m$

图 13-2 为立式光学计的结构示意图。

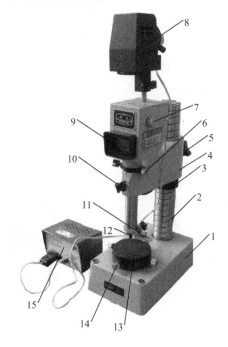

1. 底座;2. 立柱;3. 粗调螺母;4. 支臂;5. 锁紧螺钉;6. 目镜视度环;
7. 反射镜调节钮;8. 投影系统;9. 目镜;10. 提升杠杆;11. 光管紧固螺钉;
12. 测帽;13. 工作台;14. 工作台位置调节钮;15. 变压器组成。

图 13-2　立式光学计的结构示意图

三、实验步骤

1. 选择测帽 12:测量时被测物体与测帽间的接触面必须最小,即近于点或线接触。因此在测量平面时,须使用球面测帽,测量柱面时宜采用刀刃形或平面测帽,测量球形物体则应采用平面测帽。

2. 调节反射镜调节钮7,并缓慢地拨动测帽提升杠杆10,从目镜9中能看到标尺影像,若此影像不清楚,可调整目镜视度环6。

3. 松开支臂锁紧螺钉5,调整粗调螺母3,使光管上升至最高位置后锁紧螺钉5。

4. 按被测零件的基本尺寸组合所需量块尺寸。一般是从所需尺寸的末位数开始选择,将选好的量块用汽油棉花擦去表面防锈油,并用绒布擦净。用少许压力将两量块工作面相互研合。

5. 将组合好的块规组放在工作台上,松开支臂锁紧螺钉5,转动粗调螺母3,使支臂连同光管缓慢下降至测头与量块中心位置极为接近处(约0.1 mm的间隙),将锁紧螺钉5拧紧。

6. 松开光管紧固螺钉11,调整手柄,使光管缓慢下降至测头与块规中心位置接触,并从目镜中看到标尺像,使零刻度线位于指标线附近为止。调节目镜视度环6,使标尺像完全清晰(可配合微调反光镜)。锁紧螺钉11,调整微调旋钮14,使刻度尺像准确对好零位。

7. 按压测帽提升杠杆2~3次,检查示值稳定性,要求零位变化不超过1/10格,如超出过多应找出原因,并重新调零(各紧固螺钉应拧紧但不能过紧,以免仪器变形)。

8. 按压测帽提升杠杆,取下量块组,将被测部件放在工作台上(注意一定要使被测轴的母线与工作台接触,不得有任何跳动或倾斜)。

9. 按压测帽提升杠杆多次,若示值稳定,则记下标尺读数(注意正负号)。此读数即为该测点轴线的实际差值。

10. 对轴的三个横截面,在每个截面上相隔90°的径向位置测4个点,共测12个点(图13-3),并按验收极限判断其合格性。

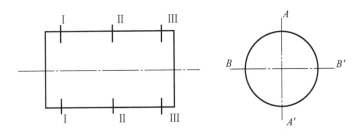

图13-3 测量位置

四、注意事项

1. 测量前应先擦净零件表面及仪器工作台。
2. 操作时要小心,不得有任何碰撞;调整时观察指针位置,不应超出标尺示值范围。
3. 使用量块时要正确推合,防止划伤量块测量面。
4. 取拿量块时用绸布垫着,避免用手直接接触量块,以减少手温对测量精度的影响。

5. 注意保护量块的工作面,禁止量块碰撞或掉落地上。

6. 量块使用后,要用航空汽油洗净,用绸布擦干并涂上防锈油。

7. 测量结束前,不应拆开量块,以便随时校对零位。

五、测量数据的处理及零件合格性的评定

1. 根据所测数据算出实际尺寸。

2. 评定实际尺寸的合格性。

考虑到测量误差的存在,为保证不误收废品,应先根据被测轴径公差的大小,查表得到相应的安全裕度 A,然后确定其验收极限。若所有实际尺寸都在验收极限范围内,则可判断此轴径合格,即

$$d_{\max} - A \geq d_a \geq d_{\min} + A$$

式中:$d_{\max}$——零件的最大极限尺寸;

$d_{\min}$——零件的最小极限尺寸。

3. 评定形状和位置误差的合格性。

用作图法分别求出零件的素线直线度和素线平行度误差,与给定的直线度和平行度公差进行比较,判断该零件的尺寸、形状、位置误差是否合格。

六、思考题

1. 用立式光学比较仪测量零件属于什么测量方法?

2. 仪器的测量范围和刻度尺的示值范围有何不同?

实验 14 表面粗糙度的检测

一、实验目的和要求

1. 掌握用光切显微镜测量表面粗糙度的原理和方法。
2. 加深理解微观不平度十点高度 Rz 和单峰平均间距 S 的实际含义。

二、测量原理

光切显微镜以光切法测量和观察零件表面的微观几何形状,在不破坏表面的条件下,测出截面轮廓的微观几何形状和沟槽宽度的实际尺寸。此外,还可测量表面上个别位置的加工痕迹。光切显微镜的主要技术指标如表 14-1 所示。

表 14-1 光切显微镜的主要指术指标

测量范围 Rz 值/μm	所需物镜	总放大倍数	物镜组件与被测件的距离/mm	视场直径/mm	系数 E/(微米/格)
0.8~1.6	60×	510×	0.04	0.3	0.16
1.6~6.3	30×	260×	0.2	0.6	0.29
6.3~20	14×	120×	2.5	1.3	0.63
20~80	7×	60×	9.5	2.5	1.25

如图 14-1 所示,狭缝被光源发出的光线照射后,通过物镜发出一束光带以倾斜 45°的方向照射在被测物体的表面上。被测物体表面的微观形状被光亮的具有平直边缘的狭缝亮带照射后,表面的波峰在 S 点产生反射,波谷在 S' 点产生反射,通过观测显微镜的物镜,它们各自成像在分划板的 a 和 a'。在目镜中观察到的即为与被测表面一样的齿状亮带,通过目镜的分划板与测微器测出 a 点至 a' 点之间的距离 V,则被测表面的微观不平度 h 即为

$$h = \frac{N}{V\cos 45°}$$

式中,N 为物镜放大倍数。

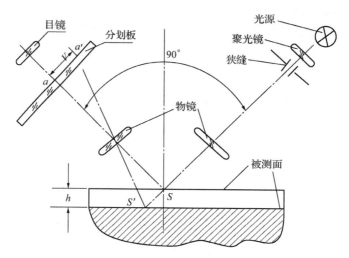

图 14-1 光切显微镜工作原理图

三、仪器简介

仪器外形如图 14-2 所示,底座 1 上装有立柱 8,显微镜的主体通过支臂 7 和立柱联接,转动调节螺母 10 将横臂沿立柱上下移动,此时显微镜进行粗调焦,并用手轮 9 将横臂固定在立柱上。显微镜的光学系统压缩在封闭的支臂内。支臂上装有可替换的物镜组 11、测微目镜等。调节手轮 6 用于显微镜的精细调焦。仪器的工作台 2 利用螺旋测微器对工件进行坐标测量与调整。矩形平面的工件可直接放在工作台上进行测量,圆柱形的工件可放在仪器工作台上的 V 形块上进行测量。

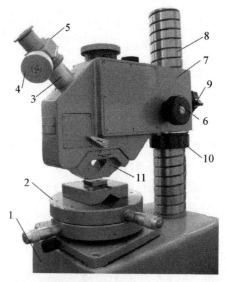

1. 底座;2. 工作台;3. 观察光管;4. 目镜测微器;5. 目镜锁紧旋钮;
6. 调节手轮;7. 支臂;8. 立柱;9. 锁紧手轮;10. 支臂调节螺母;11. 物镜组。

图 14-2 仪器外形图

四、操作步骤

（一）仪器调整

1. 选择物镜：通过目测初步估计被测表面 Rz 值的范围，选择相应放大倍数的物镜安装在仪器上。

2. 安放工件：将零件擦净后放在仪器工作台上，零件表面加工纹路应与目镜视场上狭缝影像垂直。若被测表面为圆柱形表面，其表面素线还应与狭缝平行，且表面最高点要位于物镜下端中央。

3. 调整目镜焦距：松开目镜锁紧旋钮 5，取下目镜，对着亮处观察分划板上的刻线是否清晰，若不清晰，则转动最上端的目镜视度调节环直至清晰。

4. 调整物镜焦距：松开支臂调节螺母 10，转动手轮 9，使支臂下降到最低的安全位置（比零件表面略高，物镜切不可接触零件），然后观察目镜视场，若未见被测表面轮廓影像（一绿色光带），则缓慢向上调整支臂至光带基本清晰。然后转动目镜测微器 4，使被测表面轮廓影像清晰。

（二）读取数据及处理数据

1. 微观不平度十点高度的测量。

（1）调目镜分划板十字线：将读数目镜偏转 45°，使分划板上的十字刻线中的一条与光带大多数的峰或谷基本相切，拧紧目镜紧固螺钉。

（2）读数：如图 14-3 所示，在光带最清晰的一边，用分划板中的横线在取样长度范围内与 5 个最高峰点（a_1、a_2、a_3、a_4、a_5）和 5 个最低谷点（a_6、a_7、a_8、a_9、a_{10}）相切，读出 10 个数值。取样长度与评定长度应根据表 14-2 选择。

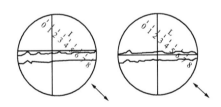

图 14-3 压线读数

表 14-2 取样长度与评定长度

$Rz/\mu m$	0.025~0.10	0.1~0.5	0.5~10.0	10.0~50.0	50.0~320
取样长度/mm	0.08	0.25	0.8	2.5	5.0
评定长度/mm	0.40	1.25	10.0	12.5	41.0

读数时，视场内每变化一格，目镜百分尺套筒即转过一周（一百格），所以每次读数要将视场内读数加上套筒上的读数。

$$Rz = E \cdot \frac{(a_1+a_2+a_3+a_4+a_5)-(a_6+a_7+a_8+a_9+a_{10})}{5}$$

式中，E 为目镜套筒分度值。

2. 单峰平均间距的测量。

用十字线的竖线瞄准轮廓的峰（谷），纵向移动工作台，从千分尺上读数，以确定轮廓间距。测量方法是：先用竖线与取样长度范围内第一个峰尖（谷底）重合，读出此峰（谷）的位置 S_1，然后纵向移动工作台，直到竖线与取样长度范围内最后一个尖峰（谷底）S_n 重合，在移动时要记下竖线所移过的峰（谷）数。按下式计算轮廓单峰的平均间距 S，即

$$S = \frac{|S_n - S_1|}{n-1}$$

（三）判断合格性

若实际计算的结果不超出允许值，则可判该表面的粗糙度合格。

五、思考题

1. 为什么只能用光带的同一个边界上的最高点和最低点来计算 Rz，而不能用不同边界上的最高点和最低点来计算？

2. 是否可用光切显微镜测出 Rz 和 Ra 值？

实验 15　形状和位置误差的检测

实验 15-1　直线度误差的检测

一、实验目的和要求

1. 了解光学自准直仪的结构及操作方法。
2. 掌握测量导轨直线度误差的原理及数据处理方法。

二、测量原理

为了控制机床、仪器导轨及长轴的直线度误差,常在给定平面(垂直平面或水平平面)内进行检测,常用的测量器具有框式水平仪、合像水平仪、电子水平仪和自准直仪等测定微小角度变化的精密量仪。

由于被测表面存在直线度误差,测量器具置于不同的被测部位上时,其倾斜角将发生变化,节距(相邻两点的距离)一经确定,这个微小倾角与被测两点的高度差就有明确的函数关系。通过逐个测量节距,得出每一变化的倾斜度,经过作图或计算,即可求出被测表面的直线度误差值。

三、仪器简介

自准直仪因具有测量准确、效率高、携带方便等优点,在直线度误差的检测工作中得了广泛应用。

如图 15-1 所示,自准直仪由平行光管、反射镜座与读数目镜等部件组成。由光源 5 发出的光线照亮了带有一个十字刻线的分划板 4(位于物镜 7 的焦平面上),并通过立方棱镜 2 从物镜 7 形成平行光束投射到反射镜 8 上。而经反射镜 8 反射的光线穿过物镜 7,投射到立方棱镜 2 的半反透膜上,向上反射,会聚在分划板 4 上。分划板 4 是固定分划板,上面刻有刻度线。另有一个可动分划板,其上刻有一条指标线。在目镜视场中可以同时看到可动分划线、固定分划线及十字刻线的影像,如图 15-2 所示。

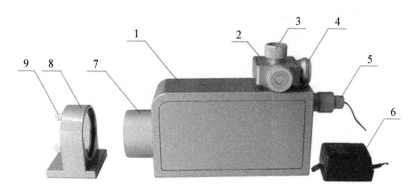

1. 主体；2. 棱镜；3. 目镜；4. 分划板；5. 照明灯；
6. 变压器；7. 物镜；8. 反射镜；9. 调节螺钉。

图 15-1　自准直仪外形图

当反射镜镜面与主光轴的交角发生变化时，十字影像的位置也随之发生变化。旋转可动分划板，使其上的指标线对十字影像进行跟踪瞄准，则可测出此位移量，进而测出反射镜与主光轴的交角变化。

可动分划板的鼓轮上共有 100 个小格。鼓轮每回转一周，分划板上的指标线在视场内移动 1 格，所以视场内的 1 格等于鼓轮上的 100 个小格。鼓轮上的 1 小格为仪器的角分度值 1″。因角度变化而引起的桥板与导轨两接触点相对于主光轴的高度差的变化（线值）与桥板的跨距有关，当桥板跨距为 100 mm 时，则分度值恰好为 0.000 5 mm。

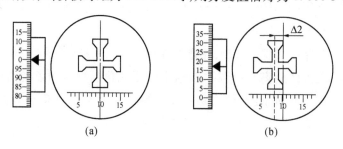

图 15-2　目镜视场

四、实验步骤

1. 将自准直仪放在靠近导轨一端的支架上，接通电源。调整仪器目镜焦距，使目镜视场中的指示线与数字分划板的刻线均为最清晰。

2. 将导轨的全长分成长度相等的若干小段，调整桥板下两支点的距离 L，使其刚好等于小段的长度；将反射镜安置在桥板上，然后将桥板安置在导轨上，并使反射镜面面向自准直仪的物镜。

3. 分别将桥板移至导轨两端，调整光学自准直仪的位置，使十字影像均清晰地进入目镜视场,调好后就不得再移动仪器。

4. 从导轨的一端开始,依次按桥板跨距前后衔接移动桥板,在每一个测量位置上,转动测微读数鼓轮,使指标线位于十字影像的中心,并记下该位置的读数。

五、实验数据处理

1. 对各测量位置的读数进行累加生成,以获得各测点相对于 0 点的高度差。

2. 在坐标纸上,用横坐标 x 表示测点序号,用纵坐标 y 表示各测点相对于 0 点的高度差,作出误差折线。

3. 根据形状误差评定中的最小条件,分别作两条平行直线 l_1 和 l_2,将误差折线包容,并使两条平行直线之间的坐标距离(平行于 y 轴方向的距离)为最小。对于如图 15-3(a)所示的误差折线,可先作一条下包容线 l_1(因为误差折线上各点相对于 l_1 的坐标距离符合"低—高—低"准则),然后过最高点作 l_1 的平行线,获得上包容线 l_2;对于如图 15-3(b)所示的误差折线,可先作一条上包容线 l_2(因为误差折线上各点相对于 l_2 的坐标距离符合"高—低—高"准则),然后过最低点作 l_2 的平行线,获得下包容线 l_1。

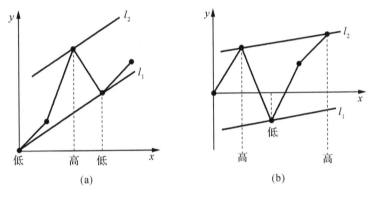

图 15-3 直线度误差评定准则

4. 确定两平行直线 l_1 和 l_2 之间的坐标距离,并将其与实际分度值相乘,其乘积即为所求直线度误差值。

5. 根据导轨的直线度公差最小包容区域,判断其合格性。

六、思考题

1. 为什么要根据累加值作图?

2. 在所画的误差图形上,应按包容线的垂直距离取值,还是按纵坐标方向取值?

实验 15-2　平行度误差的测量

一、实验目的和要求

1. 了解合像水平仪的结构及操作方法。
2. 掌握测量导轨平行度误差的原理及数据处理方法。

二、仪器简介

光学合像水平仪因具有测量准确、效率高、价格便宜、携带方便等优点,在形位误差的检测工作中得到了广泛应用。其主要技术指标如下:

分度值:0.01 mm/m

最大测量范围:±5 mm/m

工作面长度:165 mm

示值误差:±0.01 mm/m

全部测量范围内:±0.02 mm/m

合像水平仪的结构如图 15-4 所示。

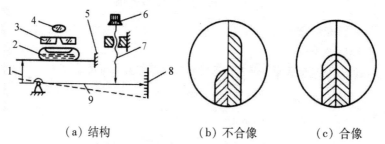

（a）结构　　　　（b）不合像　　　　（c）合像

1. 活动端;2. 主水准仪;3. 合像棱镜;4. 观察窗;5. 固定端;6. 微调钮;
7. 测微螺杆;8. 刻度线;9. 杠杆架。

图 15-4　合像水平仪结构图

使用合像水平仪的注意事项：

1. 使用前工作台面要清洗干净。
2. 湿度变化对仪器中的水准仪位置影响很大，故必须隔离热源。
3. 测量时旋转微调钮要平稳，必须等两气泡像完全重合后方可读数。

三、测量原理

合像水平仪利用棱镜将水准仪中的气泡像复合放大，以提高读数的对准精度，利用杠杆和测微螺杆传动机构来提高读数的精度和灵敏度。测量时，将合像水平仪置于被测工件表面上，若被测两点相对于自然水平面不等高，将使两端的气泡像不重合，转动微调钮使气泡像重合，此时合像水平仪的读数值即这两点相对于自然水平面的高度差 h，刻度盘读数 a 与桥板跨距 L 之间的关系为

$$h = i \cdot L \cdot a$$

式中：L——跨距；

i——分段数；

a——刻度盘读数。

四、测量步骤

1. 量出零件被测表面总长，将总长分为若干等分（一般为 6~12 段），确定每一段的长度 L（跨距），并按 L 调整可调桥板两圆柱的中心距。

2. 先将合像水平仪放于桥板上，然后将桥板从端点依次放在各等分点上进行测量。到终点后，自终点再进行一次回测，回测时桥板不能调头，同一测点两次读数的平均值为该点的测量数据。若某测点的两次读数相差较大，则说明测量情况不正常，应查明原因并重测。

注意 测量时每次移动桥板都要将后支点放在原来前支点处（桥板首尾衔接），测量过程中不允许调整水平仪与桥板之间的相对位置。

3. 从合像水平仪上读数时，先从合像水平仪的侧面视窗处读得百位数，再从其上端和鼓轮处分别读得十位数和个位数。

4. 把测得的值依次填入实验报告中，并用计算法按最小条件进行数据处理，求出被测表面的平行度误差 $f_{/\!/}$。

五、实验数据处理

1. 分别按基准要素和被测要素的累积值作图。
2. 按最小包容区域作图得到基准方向。
3. 平行于基准方向作两条包容被测要素的直线，按纵坐标方向确定这两条平行直线

之间的坐标距离,并将其与实际分度值相乘,其乘积即所求平行度误差值。

4. 根据导轨的平行度公差 $t_{//}$,依据 $f_{//} \leqslant t_{//}$,判断其合格性。

六、思考题

用节距法测量导轨,若导轨分成 6 段,测点应是几个?为什么?

实验 15-3　跳动误差的测量

一、实验目的和要求

1. 掌握径向圆跳动、径向全跳动和端面圆跳动的测量方法。
2. 理解圆跳动、全跳动的实际含义。

二、仪器简介

跳动检查仪主要由千分表、悬臂、支柱、底座和顶尖座组成,仪器外观如图 15-5 所示。

图 15-5　跳动检查仪外观图

三、实验步骤与数据处理

本实验中的被测零件是以中心孔为基准的轴类零件,如图 15-6 所示。

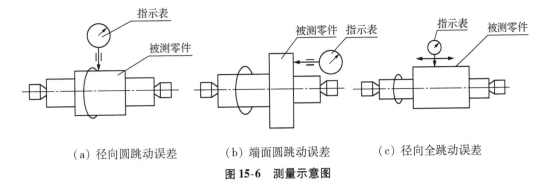

(a)径向圆跳动误差　　　　(b)端面圆跳动误差　　　　(c)径向全跳动误差

图 15-6　测量示意图

(一) 径向圆跳动误差的测量[图 15-6(a)]

测量时,首先将轴类零件安装在两顶尖间,使被测零件能自由转动且没有轴向窜动。调整悬臂升降螺母至千分表以一定压力接触零件径向表面后,将零件绕其基准轴线旋转一周,若此时千分表的最大读数和最小读数分别为 a_{max} 和 a_{min},则该横截面内的径向圆跳动误差为

$$f_↗ = a_{max} - a_{min}$$

用同样的方法测量 n 个横截面上的径向圆跳动,其中最大者即为该零件的径向圆跳动误差。

(二) 端面圆跳动误差的测量[图 15-6(b)]

零件支承方法与测径向圆跳动误差时相同,只是测头通过附件与端面接触在给定的直径位置上。零件绕其基准轴线旋转一周,这时千分表的最大读数和最小读数之差为该零件的端面圆跳动误差 $f_↗$。

若被测端面直径较大,可根据具体情况在不同直径的几个轴向位置上测量端面圆跳动值,取其中的最大值作为测量结果。

(三) 径向全跳动误差的测量[图 15-6(c)]

径向全跳动的测量方法与径向圆跳动的测量方法类似,但是在测量过程中,被测零件应连续回转,且指示表沿基准轴线方向移动(或让零件移动),则指示表的最大读数差即径向全跳动。

四、思考题

1. 径向圆跳动误差测量能否代替同轴度误差测量？能否代替圆度误差测量？

2. 端面圆跳动能否完整反映出端面对基准轴线的垂直度误差？

实验 16　齿轮参数的综合检测

实验 16-1　齿距偏差和齿距累积误差的测量

一、实验目的和要求

1. 了解万能测齿仪的工作原理和使用方法。
2. 掌握采用相对法测量齿距偏差时处理测量数据的方法。

二、仪器简介

测量齿距偏差的仪器有齿距仪(也称周节仪)和万能测齿仪。后者可测量多个参数,如齿距、基节、公法线、齿厚、齿圈径向跳动等。本实验采用万能测齿仪测量齿距偏差和齿距累积误差。

万能测齿仪的基本技术性能指标如下:

分度值:0.001 mm

示值范围:±0.1 mm

测量范围:1~10 mm

最大外径:300 mm

三、测量原理

测量齿距时多采用比较法(相对法),即先以任一个齿距为基准,与其他齿距进行比较,从而得到相对齿距偏差,再由该偏差计算齿距偏差和齿距累积误差。

图 16-1 为万能测齿仪,它是以内孔定位方式工作的。图中上顶尖与下顶尖一起用于安装被测齿轮;测头可更换,测量时右边测头定位,左边测头连同测头座一起微动,用于感受尺寸变化(反映齿距变化),并由指示表指示出来。

图 16-1　万能测齿仪外观图

测量低精度齿轮时,要将仪器按图 16-2(a)所示的方式调整。测量和读数时,应将弹簧定位装置的圆球定位头插入齿间,且按下操作拨板;换齿测量前要放松操作拨板,且退出圆球定位头。

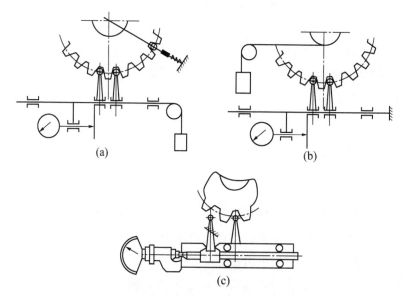

图 16-2　万能测齿仪测量示意图

测量高精度齿轮时,要将仪器按图 16-2(b)所示的方式调整。图 16-2(c)为仪器的尺寸传感系统结构图。

四、实验步骤

1. 适当调节两测量爪的位置,使两测量爪大致在分度圆附近与两同侧齿面接触。
2. 任取一齿距作为基准齿距,可以调整测微计的微调装置,将指示表指针调零。(这里将指示表调零主要是为了读数方便,实际测量中不一定非要调零)
3. 依次测得其他齿距相对于基准齿距之差,此差值即为相对齿距偏差。

五、实验数据处理

齿距偏差为实际齿距与公称齿距的代数差。当用绝对法测量齿距时,必须将仪器准确调到分度圆周上,且基准齿距等于公称齿距。由于调整困难,实际上一般采用相对法测量。

相对法测量齿距偏差是将被测齿轮任意一个实际齿距作为基准齿距,其余齿距逐个与之相比较,求其差值。在一般情况下,作为基准的实际齿距与公称齿距不等,所以由此得到的差值不符合齿距偏差定义,故称为相对齿距偏差。

显而易见,各相对齿距偏差中均包含了同一个误差值,在测量误差分析中它属于系统误差(系统误差可以消除)。

齿距偏差的处理依据是圆周封闭原则。对于圆柱齿轮,理论上各齿距等分。实际上,由于存在加工误差,齿距大小并不相等,齿距偏差有正有负。尽管如此,所有齿距之和仍是一个封闭的圆周,齿距偏差之和必等于零。但是,采用相对法测得的齿距偏差存在系统误差,因此所有相对齿距偏差之和并不等于零。

数据处理的步骤如下:

1. 测出所有相对齿距偏差值 $\Delta f_{pt相对}$。
2. 将所有相对齿距偏差相加,即 $\sum_{i=1}^{n} \Delta f_{pt相对}$,并求出修正值 K,$K = \dfrac{\sum_{i=1}^{n} \Delta f_{pt相对}}{n}$。
3. 求齿距偏差,即绝对齿距偏差 $\Delta f_{pt} = \Delta f_{pt相对} - K$。
4. 确定齿距偏差 Δf_{pt} 的测量结果:取各齿距偏差中绝对值最大者作为测量结果。

注意 单个齿距偏差有正、负之分,故不能略去正、负号。

5. 计算齿距累积误差 ΔF_p:将各齿距偏差依次累加,累加过程中最大与最小累加值之差,即齿距累积误差 ΔF_p。其计算方法示例如表 16-1 所示。

六、合格性判断条件

$$-f_{pt} \leq \Delta f_{pt} \leq +f_{pt}$$
$$\Delta F_p \leq F_p$$

表 16-1 相对法测量齿距数据处理示例($n=10$)

齿距序号	相对齿距偏差读数值/μm $\Delta f_{pt相对}$	读数值累加/μm $\sum_{i=1}^{n} \Delta f_{pt相对}$	齿距偏差/μm $\Delta f_{pt} = \Delta f_{pt相对} - K$	齿距累积误差/μm $\Delta F_p = \sum_{i=1}^{n} \Delta f_{pt}$
1	0	0	−0.5	−0.5
2	+3	+3	+2.5	+2
3	+2	+5	+1.5	+3.5
4	+1	+6	+0.5	+4
5	−1	+5	−1.5	+2.5
6	−2	+3	−2.5	0
7	−4	−1	−4.5	−4.5
8	+2	+1	+1.5	−3
9	0	+1	−0.5	−3.5
10	+4	+5	+3.5	0
齿距偏差修正值 $K = \dfrac{n个读数值累加}{n} = 0.5$ μm			
单个齿距偏差 $\Delta f_{pt} = -4.5$ μm			
齿距累积误差 $\Delta F_p = \Delta F_{pmax} - \Delta F_{pmin} = (+4$ μm$) - (-4.5$ μm$) = 8.5$ μm			

七、思考题

1. 用相对法测量齿距时,指示表是否一定要调零? 为什么?

2. 单个齿距偏差和齿距累积误差对齿轮传动各有什么影响?

实验 16-2　齿轮公法线长度变动和公法线平均长度偏差的测量

一、实验目的

1. 熟悉公法线千分尺的结构和使用方法。
2. 掌握齿轮公法线长度的计算方法,并熟悉公法线长度的测量方法。
3. 加深对公法线长度变动和公法线平均长度偏差定义的理解。

二、仪器简介

公法线长度通常使用公法线千分尺测量。公法线千分尺的外形如图 16-3 所示,它的结构、使用方法和读数方法与普通千分尺一样,不同之处是量砧制成碟形,以使碟形量砧能够伸进齿间进行测量。

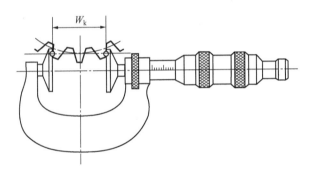

图 16-3　公法线千分尺测量示意图

三、测量原理

公法线长度变动 ΔF_w 是指在被测齿轮一周范围内,实际公法线长度的最大值与最小值之差。公法线平均长度偏差 ΔE_w 是指在被测齿轮一周范围内,所有实际公法线长度的平均值与公法线长度公称值之差。

测量标准直齿圆柱齿轮的公法线长度时的跨齿数 n 按下式计算:

$$n = \frac{z}{9} + 0.5$$

式中,z 为齿轮的齿数。

n 的计算值通常不为整数,而在计算公法线长度公称值和测量齿轮时,n 必须是整数,因此应将 n 的计算值化为最接近计算值的整数。

公法线长度公称值 W 按下式计算:

$$W = m \cdot \cos\alpha [\pi(n - 0.5) + z \cdot \mathrm{inv}\alpha]$$

式中，inv 为渐开线函数，inv20 = 0.014。

四、实验步骤

1. 按被测齿轮的模数 m、齿数 z 和基本齿廓角 α 等参数计算跨齿数 n 和公法线长度公称值 W。

2. 在圆周方向均布测量 5 条公法线长度，从其中找出 W_{max} 和 W_{min}，则公法线长度变动 ΔF_w 和公法线平均长度偏差 ΔE_w 按下式计算：

$$\Delta F_w = W_{max} - W_{min}$$

$$\Delta E_w = \overline{W} - W$$

合格性条件为

$$\Delta F_w \leqslant F_w$$

$$E_{wi} \leqslant \Delta E_w \leqslant E_{ws}$$

五、思考题

1. 求 ΔF_w 和 ΔE_w 的目的有何不同？

2. 只测量公法线长度变动，能否保证齿轮传递运动的准确性？为什么？

实验 16-3 齿轮基节偏差测量

一、实验目的

1. 了解齿轮基节仪的工作原理并掌握基节仪的使用方法。
2. 加深对基节偏差定义的理解。

二、仪器简介

基节仪有切线式、两点式和点线式等类型。本实验采用点线式基节仪,仪器的基本技术性能指标如下:

分度值: 0.001 mm

示值范围: ±0.06 mm

测量范围(模数 m): 2~16 mm

三、测量原理

基节是指基圆柱切平面所截两相邻同侧齿面的交线之间的法向距离。因此测量基节的仪器或量具应能满足这样的条件,即其测量头与两齿面接触点的连线应该就是齿面的法线。图 16-4 就是据此设计的点线式基节仪的工作原理图。

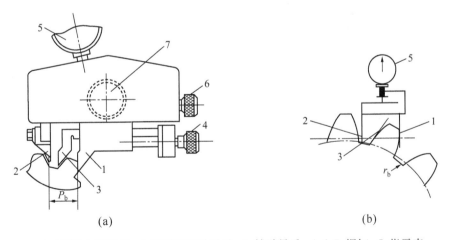

1. 平面形固定测量爪; 2. 圆弧形活动量爪; 3. 辅助量爪; 4、6、7. 螺钉; 5. 指示表。

图 16-4 点线式基节仪的测量原理图

图 16-4 中的件 1 为平面形固定测量爪,用以定位;件 3 为辅助量爪。当通过件 6 调节固定量爪的左右位置时,辅助量爪也一起被移动(件 3 安置在件 1 上),螺钉 7 用来锁紧固定量爪;螺钉 4 用来调节辅助量爪相对固定量爪的距离;件 2 为圆弧形活动量爪,用以感

受尺寸变化,并通过杠杆将基节偏差显示在指示表 5 上。

四、实验步骤

(一)将基节仪的指针调至零位

1. 组合一组量块,使其中心长度等于被测齿轮公称基节 P_b,其计算式为

$$P_b = m\pi\cos\alpha$$

2. 将组合好的量块组夹在基节调零附件上,如图 16-5 所示。

3. 将基节仪放在调零附件上,调节固定量爪与活动量爪之间的距离,使之等于公称基节,此时指示表指针应在示值范围内出现。

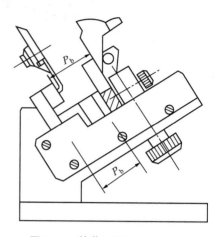

图 16-5 基节调零附件示意图

4. 仔细调整指示表上的微动旋钮,使指针对准零位。

(二)基节偏差的测量

参考图 16-4,为了减少测量工作量,一般可均布测量同一齿轮左、右齿面各 5 个基节偏差,将其填入实验报告中。

注意

1. 测量时为得到齿面间的法向距离,测量过程中要使基节仪绕齿面微微摆动,以获得指针的返回点,此点读数即为基节偏差值。

2. 测量时应认真调整辅助量爪至固定量爪的距离,以保证固定量爪靠近齿顶部位与齿面接触,活动量爪靠近齿根部位与齿面接触。

3. 在基节偏差测量过程中,基节仪会因使用不当使零位发生变化,故应随时校零。

4. 生产中要求左齿面和右齿面逐齿测量,本实验只测了一部分。

(三)合格性判断条件

$$-f_{pb} \leq \Delta f_{pb} \leq +f_{pb}$$

五、思考题

1. 为什么左、右齿面的基节偏差都要测量?

2. 基节偏差对齿轮传动有何影响?

实验 16-4　齿轮齿厚偏差测量

一、实验目的

1. 熟悉齿厚卡尺的结构和使用方法。
2. 掌握齿轮分度圆弦齿高和弦齿厚公称值的计算方法。
3. 加深对齿厚偏差定义的理解。

二、量具简介

齿厚偏差可以用齿厚卡尺(图16-6)或光学测齿卡尺测出。本实验用齿厚卡尺测量齿厚实际值。齿厚卡尺由互相垂直的两个游标尺组成,测量时以齿轮顶圆作为测量基准。垂直游标尺用于按分度圆弦齿高公称值 $\bar{h}$ 确定被测部位,水平游标尺则用于测量分度圆弦齿厚实际值 $\bar{s}_{实际}$。齿厚卡尺的读数方法与一般游标卡尺相同。

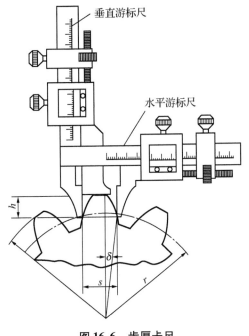

图 16-6　齿厚卡尺

三、测量原理

齿厚偏差 ΔE_{sn} 是指被测齿轮分度圆柱面上的齿厚实际值与公称值之差。

对于标准直齿圆柱齿轮,其模数为 m,齿数为 z,则分度圆弦齿高公称值 $\bar{h}$ 和弦齿厚公称值 $\bar{s}$ 按下式计算:

$$\bar{h} = m\left[1 + \frac{z}{2}\left(1 - \cos\frac{90°}{z}\right)\right]$$

$$\bar{s} = mz\sin\frac{90°}{z}$$

四、实验步骤

1. 计算齿轮顶圆公称直径 d_a 和分度圆弦齿高公称值 $\bar{h}$、弦齿厚公称值 $\bar{s}$。

2. 首先测量出齿轮顶圆实际直径 $d_{a实际}$。按 $\bar{h} - \frac{1}{2}(d_a - d_{a实际})$ 的数值调整齿厚卡尺的垂直游标尺,然后将其游标加以固定。

3. 将齿厚卡尺置于被测齿轮上,使垂直游标尺的高度板与齿顶可靠地接触,然后移动水平游标尺的量爪,使之与齿面接触,从水平游标尺上读出弦齿厚实际值 $\bar{s}_{实际}$。这样依次对圆周上均布的几个齿进行测量。测得的齿厚实际值 $\bar{s}_{实际}$ 与齿厚公称值 $\bar{s}$ 之差即为齿厚偏差 ΔE_{sn}。

4. 合格性判断条件为

$$E_{sni} \leq \Delta E_{sn} \leq E_{sns}$$

五、思考题

1. 测量齿轮齿厚是为了保证齿轮传动的哪项使用要求?

2. 齿轮齿厚偏差 ΔE_{sn} 可以用什么评定指标代替?

实验 16-5 齿轮径向跳动的测量

一、实验目的

1. 了解齿轮径向跳动测量仪的结构,并熟悉其使用方法。
2. 加深对径向跳动定义的理解。

二、仪器简介

径向跳动可用径向跳动测量仪、万能测齿仪或普通的偏摆检查仪等仪器测量。本实验采用径向跳动测量仪来测量。无论采用哪种仪器和何种形式的测头(球形或锥形),均应根据被测齿轮的模数选择测头($d \approx 1.68 \, m$),以保证测头在齿高中部附近与齿面双面接触。

图 16-7 为径向跳动测量仪的结构示意图,其基本技术性能指标如下:

指示表分度值:0.001 mm

测量范围(模数):1~10 mm

可测齿轮直径 D:≤350 mm

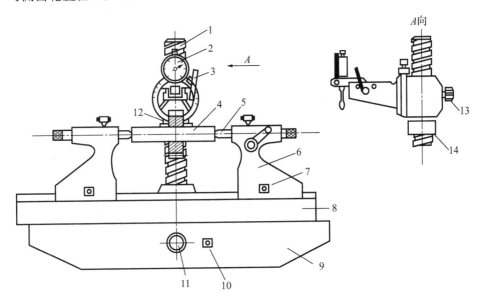

1. 立柱;2. 指示表;3. 扳手;4. 心轴;5. 顶尖;6. 顶尖座;7. 顶尖座紧固螺钉;
8. 滑台;9. 底座;10. 锁紧螺钉;11. 手轮;12. 被测齿轮;13. 调节螺钉;14. 螺母。

图 16-7 径向跳动测量仪

三、测量原理

齿轮径向跳动 ΔF_r 是指被测齿轮在一转范围内,测头在齿槽内或在轮齿上与齿高中部双面接触,测头相对于齿轮基准轴线的最大变动量。测量时,把被测齿轮用心轴安装在两顶尖架的顶尖之间,用心轴轴线模拟体现该齿轮的基准轴线,使测头在齿槽内(或在轮齿上)与齿高中部双面接触,然后逐齿测量测头相对于齿轮基准轴线的变动量,其中最大值与最小值之差即为径向跳动 ΔF_r。

四、实验步骤

(一)在测量仪上安装测头和被测齿轮

根据被测齿轮的模数选择尺寸合适的测头,把它安装在指示表 2 的测杆上。把被测齿轮 12 的心轴 4 顶在两个顶尖 5 之间。注意调整两个顶尖之间的距离,使心轴无轴向窜动,且能自如转动。松开螺钉 10,转动手轮 11,使滑台 8 移动,从而使测头大约位于齿宽中间,然后再将螺钉 10 锁紧。

(二)调整测量仪指示表示值零位

放下扳手 3,松开螺钉 13,转动螺母 14,使测头随表架下降到与齿槽双面接触,把指示表指针压缩 1~2 圈,然后将螺钉 13 紧固。转动指示表的表盘(圆刻度盘),把零刻度线对准指示表的指针。

(三)进行测量

抬起扳手 3,把被测齿轮 12 转过一个齿,然后放下扳手 3,使测头进入齿槽内,记下指示表的示值。这样逐步测量所有的齿槽,从各次示值中找出最大示值和最小示值,它们的差值即为径向跳动 ΔF_r。

(四)结论

按齿轮图样上给定的径向跳动公差 F_r 判断被测齿轮的合格性。

五、思考题

1. 径向跳动 ΔF_r 反映齿轮的哪些加工误差?

2. 径向跳动 ΔF_r 可用什么评定指标代替?

实验 16-6　齿轮径向综合误差测量

一、实验目的

1. 了解双面啮合综合检查仪的工作原理及使用方法。
2. 加深对齿轮径向综合误差和一齿径向综合误差定义的理解。

二、仪器简介

双面啮合综合检查仪可用来测量齿轮在一转范围内齿轮径向综合误差和一齿径向综合误差。其基本技术性能指标如下：

分度值：0.01 mm(百分表)

示值范围：0~1 mm(百分表)

测量范围(中心距 a)：50~320 mm

模数 m：1~10 mm

三、测量原理

图 16-8(a)为双面啮合综合检查仪外形图，其中件 1 为指示表；件 4 为固定滑座；件 7 为径向浮动滑座；件 8 为平头螺钉，可将指示表 1 调零。

齿轮径向综合误差的测量是被测齿轮与理想精确的测量齿轮双面啮合时，被测齿轮在一转范围内，双啮中心距的最大变动(一转的变动量，一齿的变动量)。据此所设计的双面啮合综合检查仪，其基本工作原理如图 16-8(b)所示。测量时，被测齿轮 2 空套在仪器固定心轴上，理想精确的测量齿轮 3 空套在径向浮动滑座的心轴上，借弹簧作用力使两轮双面啮合。此时，如被测齿轮有误差，例如，有齿圈径向跳动 ΔF_r，则当被测齿轮转动时，将推动理想的测量齿轮及径向滑座左右移动，使双啮中心距发生变动，变动量由指示表读出。

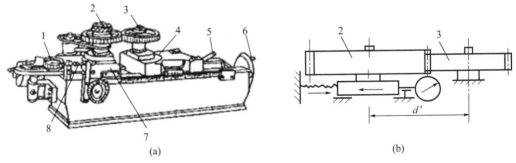

1. 指示表；2. 被测齿轮；3. 理想精确的测量齿轮；4. 固定滑座；
5. 固定滑座锁紧器；6. 手轮；7. 径向浮动滑座；8. 平头螺钉。

图 16-8　双面啮合综合检查仪

四、实验步骤

1. 将被测齿轮空套在仪器心轴上,使指示表有一定的压缩量。

2. 转动手轮6,使固定滑座调整到标准中心距,然后锁紧固定滑座锁紧器5,使固定滑座固定。

3. 将径向浮动滑座靠向固定滑座,使被测齿轮与理想精确的测量齿轮双面啮合。

4. 用手轻轻转动被测齿轮一周,记下指示表指针的最大变动量,此变动量即齿轮在一转范围内的径向综合误差 $\Delta F_i''$。

5. 注意观察在被测齿轮转一齿过程中指示表指针的最大变动量,此变动量即一齿径向综合误差 $\Delta f_i''$。

6. 合格性判断条件为

$$\Delta F_i'' \leqslant F_i''$$
$$\Delta f_i'' \leqslant f_i''$$

五、思考题

1. 径向综合误差 $\Delta F_i''$ 和一齿径向综合误差 $\Delta f_i''$ 分别反映齿轮的哪些加工误差?

2. 双面啮合综合测量的优点和缺点是什么?

实验 17　螺纹误差的检测

一、实验目的和要求

1. 了解工具显微镜的工作原理和使用方法。
2. 学会螺纹量规的检测方法和判断螺纹量规的合格性。

二、测量原理

用工具显微镜测量螺纹的方法有影像法、轴切法、干涉带法等。用影像法测量螺纹，其原理是先用目镜分划板中的"米"字线的虚线瞄准螺纹牙廓的影像，再用工具显微镜中的角度目镜和百分尺来测量螺纹。测量牙侧与螺纹轴线的垂直线之间的夹角得牙型半角；沿平行于螺纹轴线方向，测量相邻两同名牙侧之间的距离得螺距 p；沿螺纹轴线的垂直方向测量轴线上、下两牙侧之间的距离得螺纹中径 d_2。

三、仪器简介

工具显微镜分大型、小型、万能型等不同的类型。不同类型的工具显微镜的测量范围和测量精度不同，但工作原理基本相同，都具有光学放大投影成像的坐标式计量仪器。

大型工具显微镜是一种光学机械量仪，适用于直线尺寸及角度的测量。利用纵、横向百分尺组成直角坐标系，可对零件的长度和角度进行测量，还可用来测量形状较为复杂的精密机械零件，如螺纹量规、丝杆、滚刀、成形刀具、凸轮及各种曲线样板等。

大型工具显微镜的主要组成部分有底座、工作台、立柱、横臂、纵横移动的测微机构，以及各种可换目镜，如图 17-1 所示。

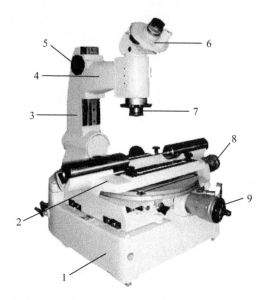

1. 底座；2. 工作台；3. 立柱；4. 横臂；5. 横臂升降手轮；
7. 显微镜；6. 测角目镜；8、9. 横向与纵向移动测微器。

图 17-1　大型工具显微镜结构图

工作台 2 可在底座 1 的导轨上做纵向、横向移动，纵向和横向移动的测微机构实质为千分尺，量程为 25 mm。放入块规，纵向的测量范围可增至 150 mm，横向可增至 50 mm，分度值为 0.01 mm（万能工具显微镜有螺纹读数显微镜，分度值为 0.001 mm）。工作台还可以绕垂直轴旋转 360°，通过角度游标，读出的旋转角度值可精确到 1′。仪器的照明系统在后下方，光束照射被测件，并在显微镜中形成被测件轮廓的影像。测量时可利用手轮转动刻度盘，"米"字线的转动角度可从测角目镜 6 中观察。

四、测量方法

（一）中径的测量

调节焦距，使被测工件轮廓清晰可见，然后移动工作台，使螺纹投影轮廓与目镜中"米"字线中间虚线对准，如图 17-2 所示，记下横向测微机构的初读数，再做横向移动，使目镜中"米"字线中间虚线与对面螺纹投影轮廓对准，记下最终读数。两数之差，即为螺纹中径值。

为了消除工件安装时由于工件轴线与工作台纵向移动方向不一致而产生的误差，应分别量出左、右两侧的中径值，并取两者的平均值作为实际中径，即

$$d_{2实} = \frac{d_{2左} + d_{2右}}{2}$$

测量时，为使被测轮廓清晰，应将立柱顺着螺旋槽的方向倾斜一个角度 φ（φ 即螺纹

中径处的升角）。工作台前后移动,立柱倾斜的方向是不同的。

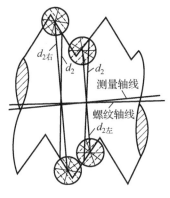

图 17-2　中径的测量

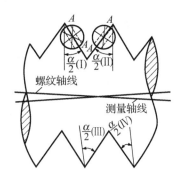

图 17-3　螺纹半角的测量

（二）螺纹半角的测量

螺纹半角用测角目镜来观察和测量。转动测角目镜下方的手轮,使测角目镜中的刻度对准零点,这时,中央目镜中的"米"字线中间虚线垂直于工作台纵向移动方向。转动手轮,使虚线与螺纹轮廓对准,从测角目镜中可读出螺纹半角的大小。

同样,为了消除安装误差的影响,如图 17-3 所示,应分别量出 Ⅰ、Ⅱ、Ⅲ、Ⅳ 4 个位置半角的值,将 Ⅰ、Ⅳ 的测量值和 Ⅱ、Ⅲ 的测量值分别取平均值作为左、右侧牙型半角的测量结果,与公称螺纹半角相比较,即可得螺纹半角误差。

（三）螺距的测量

如图 17-4 所示,测量时,首先将螺纹投影轮廓的一边与刻度盘上相应的刻线或交点重合,记下纵向测微机构的初读数,然后移过一个螺距或几个螺距,仍使同侧相应边与刻线重合,记下该读数,这时就可由两数之差算出螺纹移过的距离。为了消除因螺纹轴线和测量轴线方向不一致所引起的测量误差,应取左、右两侧螺距的平均值作为测量结果。

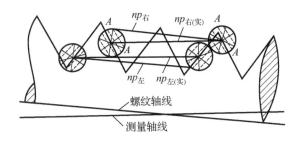

图 17-4　螺距的测量

螺距实测值为

$$p_\Sigma = \frac{p_{\Sigma左} + p_{\Sigma右}}{2}$$

螺距累积误差为

$$\Delta p_\Sigma = p_\Sigma - np$$

D 作用中径计算：

$$d_{2\text{作用}} = d_{2\text{实}} + 1.732\left|\Delta p_\Sigma\right| + \frac{p}{2}\left[K\left|\left(\Delta\frac{\alpha}{2}\right)_\text{左}\right| + K\left|\left(\Delta\frac{\alpha}{2}\right)_\text{右}\right|\right] \times 10^{-3}$$

式中：$d_{2\text{实}}$——实测中径尺寸；

$\left|\Delta p_\Sigma\right|$——$n$ 个螺距累积偏差的绝对值；

p——螺距；

$\Delta\frac{\alpha}{2}$——半角偏差；

K——系数，当 $\Delta\frac{\alpha}{2} > 0$ 时，$K = 0.291$；当 $\Delta\frac{\alpha}{2} < 0$ 时，$K = 0.44$。

五、实验步骤

1. 将螺纹装在工作台上两顶尖之间。
2. 移动镜筒，调节焦距，使成像清晰(注意：镜筒应自下向上移动，避免碰坏镜头)。
3. 按上述方法分别测出该螺纹的半角、中径与螺距误差。
4. 对测量结果进行计算，按计算结果判断该螺纹的合格性。

六、思考题

1. 测量螺纹参数时，为什么要取左、右两侧数据的平均值作为测量结果？

2. 测量平面零件时，应如何放置被测零件，要不要倾斜仪器立柱？

实验 18 外螺纹单一中径测量

一、实验目的

熟悉测量外螺纹单一中径的原理和方法。

二、实验内容

用三针测量外螺纹单一中径。

三、测量原理

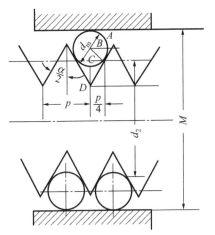

图 18-1 用三针测量外螺纹中径的原理图

图 18-1 为用三针测量外螺纹中径的原理图,这是一种间接测量螺纹中径的方法。测量时,将三根精度很高、直径相同的量针放在被测螺纹的牙槽中,用测量外尺寸的计量器具如千分尺、立式光学计等测量出尺寸 M。再根据被测螺纹的螺距 p、牙形半角 $\dfrac{\alpha}{2}$ 和量针直径 d_m 计算出螺纹单一中径 d_2。由图 18-1 可得

$$d_2 = M - 2AC = M - 2(AD - CD)$$

$$AD = AB + BD = \frac{d_m}{2} + \frac{d_m}{2\sin\dfrac{\alpha}{2}} = \frac{d_m}{2}\left(1 + \frac{1}{\sin\dfrac{\alpha}{2}}\right)$$

$$CD = \frac{p\cot\dfrac{\alpha}{2}}{4}$$

将 AD、CD 的值代入上式,得

$$d_2 = M - d_m\left(1 + \frac{1}{\sin\dfrac{\alpha}{2}}\right) + \frac{p}{2}\cot\dfrac{\alpha}{2}$$

对于公制螺纹,$\alpha = 60°$,则

$$d_2 = M - 3d + 0.866p$$

为了减少螺纹牙形半角偏差对测量结果的影响,应选择合适的量针直径,该量针与螺纹牙形的切点恰好位于螺纹中径处,此时所选择的量针直径 d_m 为最佳量针直径。由图18-1可知

$$d_m = \frac{p}{2\cos\frac{\alpha}{2}}$$

对于公制螺纹,$\alpha = 60°$,则

$$d_m = 0.577p$$

在实际工作中,如果成套的三针中没有所需的最佳量针直径时,可选择与最佳量针直径相近的三针来测量。

四、测量步骤

1. 根据被测螺纹的螺距,计算并选择最佳量针直径 d_m。

2. 在尺座上安装好千分尺和三针。

3. 擦净仪器和被测螺纹,校正仪器零位。

4. 将三针放入螺纹牙槽中,旋转千分尺的微分筒使两端测量头与三针接触,然后读出尺寸 M 的数值。

5. 在同一截面相互垂直的两个方向上测出尺寸 M,并按平均值公式计算螺纹中径,然后判断螺纹中径的合格性。

按下式计算出单一中径 $d_{2单}$:

$$d_{2单} = M - 3d_m + 0.866p$$

则合格性判断条件为

$$d_{2min} \leq d_{2单} \leq d_{2max}$$

五、思考题

1. 用三针测量螺纹单一中径时,有哪些测量误差?

实验 18　外螺纹单一中径测量

2. 用三针测得的单一中径是否是作用中径？

3. 用三针测量螺纹单一中径的方法属于哪一种测量方法？为什么要选用最佳量针直径？

4. 用数显千分尺能否进行相对测量？相对测量法和绝对测量法比较，哪种测量方法精确度较高，为什么？

实验 19　测量结果与测量误差的评定

一、实验目的

1. 掌握多次重复测量的基本要领。
2. 掌握多次重复测量时处理数据的方法,并合理评定测量极限误差。

二、测量简介

一般情况下,进行单次测量即可满足测量精度的要求,但对某些重要零件,由于其精度要求较高,往往需要进行多次重复测量才能满足要求。所谓多次重复测量,是指对同一尺寸,即在零件的同一位置上进行等精度多次测量。多次重复测量是以算术平均值作为测量结果的,由于可以减小测量中随机误差的影响,因而提高了测量精度。

三、仪器简介

本实验用内径指示表对孔径进行多次重复测量。内径指示表是测量孔径的通用量仪,用一般的量块或标准圆环作为基准,采用相对测量法测量内径,特别适宜于测量深孔。内径指示表分为内径百分表和内径千分表,并按其测量范围分为许多挡,可根据尺寸大小及精度要求进行选择。每个仪器都配有一套固定测头以备选用,仪器的测量范围取决于测头的范围。本实验所用内径百分表的主要技术性能指标如下:

分度值:0.01 mm

示值范围:0～1 mm

测量范围:15～35 mm

图 19-1 是内径百分表的结构示意图。内径百分表是以同轴线上的固定测头和活动测头与被测孔壁相接触来进行测量的,它备有一套长短不同的固定测头,可根据被测孔径的大小选择。

实验19　测量结果与测量误差的评定

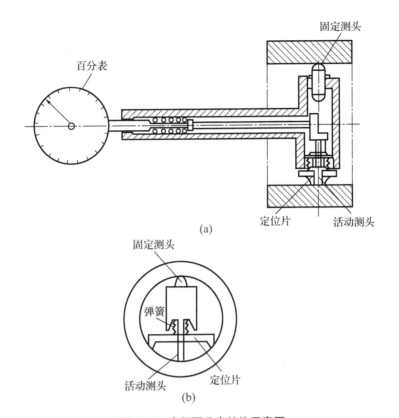

图 19-1　内径百分表结构示意图

测量时活动测头因受到孔壁的压力而产生位移,该位移经杠杆系统传递给指示表,并由指示表进行读数。为了保证两测头的轴线处于被测孔的直径方向上,在活动测头的两侧有对称的定位片,在弹簧的作用下,对称地压靠在被测孔径两边的孔壁上,从而达到上述要求。

四、实验步骤

(一) 选择固定测头

选择与被测孔径的基本尺寸相应的固定测头安装到内径指示表上。

(二) 调节零位(图 19-2)

1. 按被测孔径的基本尺寸组合量块,并将该量块组与量爪一起放入量块夹中夹紧。
2. 将内径指示表的两测头放入两量爪之间,与两量爪相接触。为了使内径指示表的两测头轴线与两量爪平面相垂直(两量爪平面间的距离就是量块组的尺寸),须拿住表杆中部,微微摆动内径指示表,找出表针的转折点,并转动表盘,使"0"刻线对准该转折点,此时零位已调好。

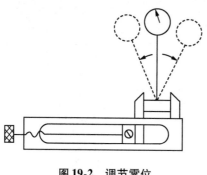

图 19-2　调节零位　　　　　　　图 19-3　测量孔径

（三）测量孔径（图 19-3）

1. 将内径指示表放入被测孔中，微微摆动指示表，并按指示表的最小示值（表针转折点）读数。该数值为内径局部实际尺寸与其基本尺寸的偏差。

2. 在该孔同一位置上再按同样的方法重复测量 9 次，并将读数依次记入表中。

五、数据处理

1. 计算算术平均值。

$$\overline{D} = \sum_{i=1}^{n} \frac{D_i}{n}$$

2. 计算标准偏差。

$$\sigma = \sqrt{\frac{\sum_{i=1}^{n}(D_i - \overline{D})^2}{n-1}}$$

3. 计算平均值的标准偏差。

$$\sigma_{\overline{D}} = \frac{\sigma}{\sqrt{n}}$$

4. 计算总的测量极限误差 $\Delta_{\lim}$。

标准偏差 σ 主要反映的是量仪本身的随机误差大小，在估算总的极限误差时，还须考虑基准量块的极限误差 $\Delta_{\lim 0}$、温度造成的极限误差等。本实验中温度造成的误差忽略不计。

$$\Delta_{\lim} = \pm \sqrt{(3\sigma_{\overline{D}})^2 + \Delta_{\lim 0}^2}$$

5. 给出测量结果。

$$D = (\overline{D} + \Delta_0) \pm \Delta_{\lim}$$

式中，Δ_0 为量块实际偏差。

六、思考题

1. 多次测量为什么可以提高测量精度？单次测量与多次测量的测量结果有何不同？

2. 进行多次测量是否能减小系统误差？